Idea man

Idea man

すぐやる人の「出会う」技術 — 仕事も人生も楽しくなる

超級人脈打造法

明治大學商學院
「新創企業論」講師 久米信行

韓宛庭——譯

告別無效社交・突破同溫層・在互聯網的世界
建立強大的人脈關係

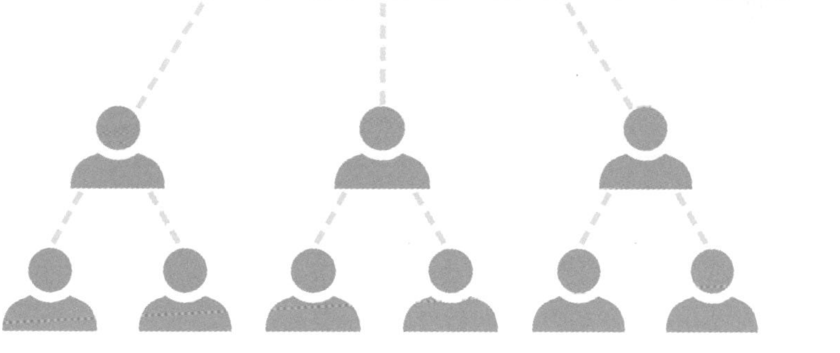

前言

「你的人脈真廣，是如何辦到的啊？」
「你怎麼會認識那些大人物和行家呢？」

回過神來，我發現自己經常收到類似問題，連我自己都感到訝異。最近連一位我相當尊敬的資深經營者也跑來問我，我現在還不知道該怎麼回答。

令我加倍困惑的是這句話：「你的人脈也太神通廣大了吧！」

因為，我從未意識到「人脈」這件事，也從未有過經營「人脈」的想法。我甚至沒有好好整理每年都會交換得到的上千張「名片」。不僅如此，早在十年前，我就放棄整理通訊錄了，過年也乾脆不寄賀年卡。所以，看在勤於

「經營人脈」與「管理名片」的人眼裡，我應該會被直接蓋上「不合格」的戳章。

可是，我依然「好運連連」，有緣結識了各行各業的一流貴人。

因此，本書想要傳達的主旨就是：

「想要實現遠大的夢想、掌握幸福快樂的人生──

『請先丟掉九成的名片。不同領域的專家名片加起來，最多兩百張就夠了』。」

就是這麼一回事。

不是我的想法比較特立獨行，我請教過熟識的大老闆，像是屬於「東証一部」（註：指在東京證券交易所一部上市的公司，即一流企業）、專門進口批發醫藥及化學原料的岩城股份有限公司負責人──岩城修先生，連這麼厲害的人和其他事業有成的典範，都不約而同地贊同我的想法。

緣分會帶來更多緣分，平凡如我，現在竟也開班授課，指導大學生和創業者經營方向；如你所見，也自然寫起了商業書及企業專欄。

明明不是專家，卻受命擔任東京工商會議所的開發及創業支援委員、國土交通省（註：日本負責交通建設的中央省廳）的水邊活用委員，以及日本觀光振興協會的觀光地區打造委員。

二、三十歲時，我肯定無法想像自己會賣T恤賣到在大學開課、出書當作家，甚至被充滿各路行家的公部門委員會招聘。

起初，我只是在老家東京墨田區的工商會議所擔任公務及觀光理事，現在卻多了文化振興財團及新日本愛樂交響樂團評議員等多重頭銜。也因為這些美好的機緣，當墨田區要蓋「北齋美術館」時，我相當榮幸能以社區設計執行委員長的身分，邀請區域內外我所尊敬的行家們來執行企劃。

但是，我在邀請的過程中，並沒有特別去「翻找名片」。我只是「上網敲一下」腦中浮現的合適人選罷了。

我沒上過IT課程，能力也沒有特別強。

事實上，從九〇年代起，我身邊有許多老客戶因為泡沫經濟崩盤而破產，不得不收掉公司，所剩不多的重要廠商也紛紛移往國外設廠，回過神來，我只能眼睜睜地看著客戶不停流失。

我就是在這種時局下辭去上班族，回到老家繼承家業，成為T恤店第三代負責人。

身為文科生，我突然跳進陌生的網路領域開發新客戶，想盡辦法挽救公司。是幸亦是不幸，活到三十歲，我手上沒有客戶名單、沒有銷售SOP，只能從頭開始摸索如何在網路上宣傳推銷。

跟現在不同的是，當年沒有簡便的社群軟體可以用、沒有網路影片，連智慧型手機都還沒問世，每一張網頁和電子報，都得慢慢用人工製作，感覺就像把寫滿資訊的瓶中信裝進一個個手工玻璃瓶、放入大海中漂流，祈求上天帶來回應……每天重複著一樣的事。

終於，在我嘗試了一段時間、久到都自我懷疑時，網路上開始有人注意到默默無名的我。

漸漸地，開啟「瓶中信」的人增加了，我收到意想不到的回音，其中還有令人雀躍的邀請函。

我依樣畫葫蘆，慢慢學習如何在網路上與人互動，日子久了，漸漸能看出「瓶子應該往哪投」、「釋出什麼樣的訊息會有好的反應」、「哪些人值得深交，哪些人要懂得拒絕」等拓展人際、加深交流的祕訣。我收發訊息的速度日益加快，貴人們又為我牽起一個個緣分。

結果，公司的業績也連帶回穩。

現在的ＩＴ技術相當進步，只要善用智慧型手機，無須交換名片，就能簡單快速地結識許多新朋友。

拜此所賜，我認識了智慧和執行力兼具的優秀師傅，以及同樣在追夢路上的熱情夥伴。因為得力於這些貴人相助，我才能在人生的後半場，迎接有趣的工作和新的挑戰。

本書將一面回顧我在人生當中遇到、為我帶來轉機的「無數良緣」，一面介紹任誰都能立刻開始的「輕鬆打造人際關係術（從心態、技術、體質來講解）」。

「序」之章——不需要名片的時代如何認識新朋友？活用網路的成功實例

我敢說，二十一世紀的社交能力，與網路的活用能力成正比。換言之，就連一位不擅長說話、不擅長經營人際關係的內向者，也能透過超越筆談的「網談」，與眾多一流人士建立友誼，獲得好人緣。

「心」之章——丟掉九成名片，擁有貴人運的基本心態

出社會以後，我們往往被公司及業內「行規」給束縛住，導致視野縮限。本章教你敞開「心房」，將眼光往外放，多接觸外界的新朋友。拿出「斷捨離」的魄力，與九成的人際說拜拜。

「技」之章——把握認識貴人的機會，輕鬆拓展人際的技術

別把手機當成「對內」的聯絡工具，只對家人和朋友使用。手機是「對外」的小幫手，可以用來拓展自己的視野，結識不同領域的行家。本章教你善用社群軟體的「技術」，把一面之緣化作終生夥伴。

「體」之章——磨練人格和性格，讓自己容易認識新朋友

進一步打造在網路及現實社會都能被看見、聚集人氣的知性「體質」。善用美好的緣分，同時提升人格、鍛鍊心性。

「結」之章——用貴人運開拓未來，擁有快樂人生

持續鍛鍊「心・技・體」，就會得到「嶄新愉快的人生藍圖」，在本章「連結」未來。先前的訓練成果，會把「偶然的命定相逢」與「開創未來的靈感」綁在一起。本章將為你明示「未來」的目標。

「實」之章——從零人脈到實現夢想的年輕上班族物語

故事的主角是一位極度邊緣的上班族，他該怎麼做，才能結識生命中的貴人，替自己「實現」夢想呢？本章結合眾多實踐者的真實故事，向你娓娓道來。這將成為各位的「未來藍圖」。

本書介紹的各種訓練法真的一點也不難，你只需要稍稍轉換心態，拿起手機就能立刻開始。請一邊愉快地嘗試錯誤，一邊建立新的習慣。

二十一世紀是網路事業的時代，公司無須仰賴名片，就能創造打破傳統職種的新興產業。

你的名片資料夾裡，只需特別保留一成的一流達人名片，然後，請懷抱一顆期待的心，活用每天都有新邂逅的網路平台，結下美妙的緣分，開拓未知的人生舞台。

久米信行

技之章

抓住貴人運的技術

體之章

培育貴人運的技術

結之章 用貴人運開創未來

實之章 從零人脈到實現夢想的物語

序之章

如何在不需要名片的時代拓展人際

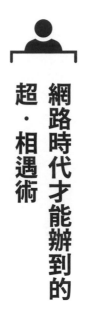

網路時代才能辦到的超・相遇術

我的手機好友名單上，只有公司內外加起來的少數菁英。我從這份名單裡，挑選適合本次專案的人。我只需附上專案說明文字、相關資料及問卷，就能同時寄給名單裡的所有人。有興趣報名的人，把可以參加的日期及對專案的想法回傳給我。等所有人互相看完彼此的檔案、讀過修改建議之後，就能參加會議（或是只參加視訊會議）。

※※※

以上是活用網路科技的二十一世紀工作型態，即使面對忙碌的工作夥伴，也能有效率地借用大家的時間和能力做事，用好幾倍的速度和品質來推行目標。其中的主事者再也不像過去一樣，是手持厚重的名片簿、口才一級棒、善於接待客戶的人。這個人在公司裡可能安靜不起眼，卻能活用網路收發資訊，與公司外部的重要人士建立信賴關係，發個訊息便能推動、管理新專案。

矛盾的是，「名片數量＝人脈吃不吃得開＝工作能力」如此不切實際的幻想，現在依然根深蒂固地殘留在年輕人的職場上。

我在為商業人士舉辦的進修課堂上，以及在明治大學教授新創企業論的課堂上，接觸到許多年輕人，發現他們依然對名片存有奇怪的幻想。看到其他同事或同學對著初次見面的人侃侃而談、完美無缺地介紹自己，似乎讓他們很自卑。

可是，請不用擔心，活用網路的溝通技術任誰都學得會，尤其對於過去那些不利於面談的「社恐人」和「宅宅」來說，具有莫大的成長空間。

數十年來，我跟其他迅速導入ＩＴ科技的全國中小企業經營者及繼承人夥伴，一同實踐了新時代的社交方式，將得到的具體作法悉數傳授給家鄉墨田區的經營者與繼承人、本公司的年輕員工，還有明治大學商學院的學生。

結果，本來不擅長說話、社交能力較差的人，很快便能在網路上侃侃而談，甚至能在實際的面談上充滿自信地說話了。連沒接受過社會人士進修課的明治大學學生，都能在結束為期一年的課程以後，彷彿脫胎換骨，無論在網路還是現實當中，都能清晰自信地表達意見。

不是只有這樣而已，就連那些社會資歷尚淺的年輕人，都能善用網路與同世代、甚至年長好幾世代的專家前輩成為朋友，這不但為他們帶來了新工作，還讓他們成功創造了夢想中的新事業。

我親眼目睹許多害怕社交的內向者，成功開創事業的一片天。

年輕老闆的實例

精品服飾設計品牌Orange Tokyo 小高集先生

說到墨田區的年輕老闆，一定要提到利用網路打開知名度、成功拓展新事業的Orange Tokyo創辦人小高集先生。

小高先生本來是專織ＰＯＬＯ衫衣領的小鎮成衣代工廠——「小高針織工業」繼承人。我和他約莫在十年前第一次見面，當時，他還是一個三十出頭的年輕人，正在學習如何繼承家業，我則出任東京工商會議所墨田分部的ＩＴ分科會（Special Interest Section Group）會長，頻繁舉辦各項講座，希望能讓更多地方經營者學會運用個人網頁、電子報、部落格及影音方式來拓展客源。

小高先生擁有開闊的胸襟，幾乎採納了我在講座上提出的所有建議，現在更是跑在前端，在架設網站和影片製作上已經超越我了。

他不只活用ＩＴ技術，還積極參加不同行業的讀書會，在接收新知、拓展人際網絡上，做得比任何人都要好。

剛認識他時，他的交流對象主要僅限織品同行團體裡的年輕人。

當時，我們請到一橋大學名譽教授關滿博先生，前來擔任墨田區公所主辦的「Frontierai墨田塾」塾長，小高先生立刻來報名參加。之後，他不只跟同鄉業者交流，也跟來自日本全國各地、年輕有活力的創業青年交換資訊，並且迅速加入我們推廣的「經營者會報部落格」，很快就和全國活用網路科技的熱情老闆打成一片。

小高先生為人憨厚老實，與人交談缺乏中小企業老闆應有的魄力，當時也不像現在這樣對答如流。

但是，自從有了網路作為媒介，小高先生不用實際與人見面，也能和透過讀書會認識的良師益友保持聯繫，利用部落格和社群軟體表達意見，藉此加深緣分的深度和廣度，從此不再劃地自限。

我從小高先生身上看見了「馬上做」的行動力與「做到底」的毅力，推薦他進入本地工商會議所的ＩＴ分科會任職，自然而然地，他也開始跟當地的重要人物往來。

證據就是，小高先生的Facebook上有一千三百六十位好友，我和他之間則有四百零一位共同好友（二〇一五年九月時），其中有許多我尊敬的公司老闆、大學教授、政治家、團體成員、媒體業者及創作者。換作是從前的時代，人們恐怕難以想像三十出頭的工作者，能在短短十年之內，結交超過一千位好友。

然而，即便拓展了情報網，持續向外界發送訊息，要開發出終端使用者喜愛的商品，依然不是一件容易的事。做不出好成品、賣不出好成績的苦日子依舊持續著。

俗話說得好，「再冷的石頭，連續在上面坐三年也會變暖」，小高先生與重要人物維持友誼，持續不懈地分享資訊，付出的耕耘終於開花結果。

現在，他旗下的新公司「Orange Tokyo」找到了主力商品的創作靈感，產品名稱是「布草鞋MERI」，這是一種結合傳統織品開發出來的現代草鞋。

靈感來自某一天，青森一家專門製作布草鞋的工坊打電話來尋求協助：「金融危機發生後，我們無法跟之前合作的縫紉工廠調到碎布，請問可以把不要的碎布讓給我們嗎？」對方應該是透過網路找到聯繫方式。工廠趕緊將製作織品用剩的布材送過去，對方也寄來布草鞋當作回禮。聽說小高先生穿上草鞋，靈光一閃：「就是它！」旋即聯絡青森的工坊，著手開發新商品，一年後完成了「針織草鞋」，放上網路販售，火速銷售一空。

之後，設計概念更加洗練的「MERI」系列誕生了。

在成田機場的直營店，「MERI」成為外國人搶購的熱門商品，隨後也進駐日本具有代表性的百貨公司。在墨田北齋美術館開設的直營店舉辦的手作體驗營，更是提前數個月便報名額滿。

小高先生在網路上分享了活動盛況，上千位與他保持互動的粉絲又替他將口碑傳遞出去，在這些網友的熱情支持下，商品的知名度和人氣度扶搖直上。

如今，小高先生是一位四十出頭的年輕老闆，卻已是我在墨田工商會議所ＩＴ分科會的重要接班人。相信今後，他也會將自己親身體悟的「廣交深耕」人際經營法，以及創辦、推行新事業的方法，繼續傳授給年輕的經營者與繼承人。

二年輕職員的實例

久米纖維工業　村上典弘先生

我們公司從二〇〇四年起，便鼓勵員工使用網路分享資訊。一週的目標是寫三篇部落格報導，並用早會時間確認進度。剛開始推行時，由於日常業務繁重，加上員工還不習慣寫文章，許多人都寫得相當痛苦。

不過，持續寫上三年，必然熟能生巧。漸漸地，員工會自動介紹合作廠商為我們做的T恤、留下參加活動的心得等等，一切就如呼吸般自然，我不再需要利用早會時間盯進度了。

然後，在二〇〇八年，我做了一個重大決定：我們不再寄送公司統一規格的賀年卡。取而代之地，我要員工自行思考每一封拜年信的內容，改用Email的方式傳送。

之所以能快速轉型，一方面也得感謝當時流行印上Email的名片，以及更重要的：我要員工在部落格留下「年度十大新聞」，如此一來，年終回顧時，只要看看自己的部落格，就能輕鬆找到這一整年跟合作廠商推出過什麼T恤。把文章複製下來、附上部落格的報導連結，就能簡單完成一封拜年信。

接著，我請員工乘著發出拜年信的氣勢，每個週末製作一封電子報。因為先寄了拜年信，公司信箱建立了合作對象的完整通訊錄，按卜全選，就能一鍵傳給所有人，這麼方便的功能，當然要好好運用。我認為，既然我們每週都有更新部落格，那麼不妨學掛在電車裡的雜誌廣告，把文章標題和頭幾行字秀出來、做成電子報，讀者應該會增加。

當然，願意每週仔細讀過電子報的顧客一定不多，但是，同事們確實發現，與客戶通話或是見面時，客戶的反應和話題內容增加了。

我們會收到意想不到的回信，漸漸地，有越來越多人在電話裡和見面時說「我有在讀喔」，這些回饋也讓本來覺得麻煩的撰文過程越變越輕鬆。

更加幸運的，當我們的員工逐漸熟悉部落格和電子報作業時，twitter（已改名為「X」）及Facebook等便利的社群工具相繼問世。由於大家早就習慣使用智慧型手機經營社群，自然能夠無縫接軌地運用這些新平台。

因此，我有十足的信心，社會新鮮人只要活用ＩＴ技術，十年後自然會認識各行各業的一流人士。

本篇介紹的村上典宏先生，從二〇〇四年起開始使用部落格。當時，他還是一位三十出頭的年輕業務，高中畢業先來我們集團下的印刷工廠當師傅，接著被拔擢到總公司擔任業務，接手其他老前輩跑了多年的拜訪路線。

起初，村上被不習慣的業務工作追著跑，又被老闆命令要寫部落格，一定做得相當辛苦。

但是，村上有個偉大的夢想。

熱愛日本酒的他，想推出獨一無二的酒廠聯名T恤。當時，我們正好得到跟知名的鹿兒島燒酌「魔王」、福井地酒（註：使用當地產的米和水做成的酒）「白龍」合作T恤的機會，村上不禁產生想要跟日本全國各地酒廠合作的念頭。

問題是，日本酒廠散布在全國各地，無法說去就去；再者，這些釀酒廠多為擁有數百年歷史的老鋪，在當地具有分量，區區一個T恤成衣工廠的年輕人，沒那麼容易見上這些師傅。

所以，其實在當初，村上是相當沒有自信的。

他曾煩惱地和我商量：「比我懂日本酒的人太多了，我寫不出介紹文。」我這樣鼓勵他：「就算日本酒的知識贏不過人家，但沒有人比你更了解日本酒的T恤要怎麼做，也沒有人比你更有熱情，不是嗎？」

於是，村上釋出熱情，上網搜尋想要聯名的日本酒廠，自掏腰包地買酒試喝，在部落格以報導方式介紹品酒心得，並將刊出的網頁分享給酒廠，同時在Email附上聯名T恤的製作提案；只要東京附近有舉辦試飲會，他必定到場參加、招呼拜會客戶，持續將這些內容寫成報導、寄出Email分享。

他活用網路、拿出誠意慢慢與客戶交流，逐一拜訪了全國各地的老酒廠。村上說，當初寫信拜訪一百家酒廠，大概只會收到十封回信；這十封信裡，只有三人有意願合作。儘管如此，村上仍繼續嘗試。

他展現耐心，持續透過網路與客戶交流，終於在立下夢想的三年後，成功在公司的展示櫃位公開十件酒廠聯名T恤。五年過後，合作廠商增加為來自全國各地的數十間酒廠，並成功邀請近一千名客戶共同舉辦「墨田日本技藝遇上美酒交流會」，活動盛況空前。

多虧村上不懈怠地投注心力，現在久米纖維才有這麼多受歡迎的「酒標T恤」，在成田機場、全國知名百貨公司及選物店都能買到，舉辦「收集酒標活動」時，也有日本各地名店的師傅來共襄盛舉。現在，規模已擴大為墨田區公所接待中心舉辦的區域性活動。

目前，村上的Facebook上有五百九十四位好友，和我有二百二十七位共同好友（二〇一五年九月時），其中不乏全國各地的日本酒廠及名店業者，令人嘆為觀止！連我也不認識的日本酒界大人物也包含在裡頭，這完全是村上憑藉網路和實力，慢慢構築出來的一流人脈網。

三 大學生的實例

明治大學部落格創業論受講生　平井佑樹同學

最後介紹我在明治大學的授課學生當作例子。

我這堂課比較特別，目的是訓練二十歲左右、腦袋聰明但「不擅長對人溝通＝俗稱社交恐懼症」的年輕人重新找回自信心。

課程從起立、敬禮開始，我會把教室裡的學生當作客人，大喊「歡迎光臨」、「請多指教」，同時向他們鞠躬，接著要課堂上的學生跟我一起練習「邊喊邊敬禮」，並且模仿企業早會，齊聲喊出「授課理念」。

起初，學生不是「腰沒挺直」就是「眼神飄忽」、「音量太小」。加上內容有點像古板的教練，不少學生被剛開始的儀式嚇到，中途退出。

事實上，這堂課最特別的並非招呼訓練，而是「部落格寫作」。我要學生花一整年的時間，運用部落格和社群平台，在網路上宣傳自己喜歡的事物。

遺憾的是，有半數學生「缺乏自己的興趣」、「沒有題材每週更新部落格」、「無法持續寫部落格一整年」。不間斷地產出文章需要幹勁和毅力，因此，開學時將近一百人的聽講生，在上下學期為期一年的課程即將結束時，僅剩十人左右留下來，這是相當遺憾的結果。

由於完成的學生人數太少，需要寫部落格一整年的「部落格創業論」在二〇一四年走入歷史，現在調整為「新創企業論」，我只會在課堂上分享我所尊敬的、具有行動力的企業老闆。

平井佑樹是「新創企業論」的學生，同時也是二〇一一年度「部落格創業論」的其中一名「完賽者」。

我的課以商學院三、四年級的學生為主，平井在大三時來上課。回顧他當時選修的文章，上面寫著「我煩惱了很久，決定來上這堂課（中略）我的老家是日本酒的釀酒廠，我的夢想是繼承家業，把公司發揚光大」。我從部落格得知，他是岩手縣最古老的釀酒廠「菊之司酒造」的第十六代繼承人。

表情僵硬、眼神和語氣略帶挑釁，是我對他的第一印象，一言以蔽之就是典型的「彆扭學生」，我本來以為他絕對不會「完賽」，頂多撐到夏天就會退選。

但是，回過神來，平井比任何人都要熱情地寫起部落格，慢慢和我們邀請的社會人士嘉賓講者交流，在我們舉辦的收集酒標活動中擔任志工，我看著他的表情逐漸放鬆，整個人變得和藹可親。

萬事起頭難，嘗試新事物需要勇氣和毅力。不只平井，其他學生開了部落格、豁出去更新之後，全經歷了無人點閱的漫長煎熬期。但是，只要持續更新就會進步、流量增加、部落格開始登上搜尋頁面；同時，也有一些學生滿足於

「微量的成長」，久了便感到厭倦並停止更新。

令人佩服的是，平井在暑假期間也持續更新，有越來越多新朋友到他的部落格留言。下半學期，他將家業和部落格的文章做連結，幸運獲得「現實中的重要貴人」。

在此之前，平井一直以為社群網路屬於虛擬世界，和現實生活無關。這個寶貴的經驗讓他在學生時期便體悟到：

「利用網路收發資訊，可以認識足以影響現實生意的重要人脈。」

在同年歲末回顧的文章裡，平井如此描述自己的心境變化：「起初，我覺得這堂課的老師和學生很像愛作夢的阿宅，但不知為何，本來自我意識強烈（笑）的學生，莫名就被來學校上課的社會人士牽著鼻子走，老實說，我還以為『誤上賊船了』。幸好，老師不厭其煩地強調『說出夢想、馬上去做』的重要性，我的想法也逐漸改變。接著，我開始獨自活動，去一些正式場合露面，才發現『搞什麼啊，根本超好玩嘛』。我真的超級遲鈍吧（笑）。跟其他學生和社會人士交流之後，我好像漸漸『懂了什麼』……應該吧？真的非常感謝大家。」

如上所述，這些「成功一年完賽」的孩子，明顯變得不一樣了。遺憾的是，多數學生在畢業、出社會以後，就停止更新。如果他們繼續參加現場活動、在網路上留下心得報導，一定能拓展出更多可能、被不同的人看見並獲得認同，真的太可惜了。

平井跟大家不同，他在出社會以後的現在，仍維持使用部落格和社群網路的習慣。

對他來說，寫部落格不再是「課堂作業」，而是重要的「擴音器」。他會根據不同社群平台的調性來更新文章，自在地表達意見。聽說，他只需要十分鐘的工作空檔，就能完成一篇網路文章。

平井在上課時開的部落格叫「國酒道」，他用這個有些硬派的名字，介紹大家熟悉的酒廠名酒，以及日本酒的喝法。當時，他以讀者為第一考量，寫的題材比較包羅萬象；但一方面也可以說，他還沒有足夠的決心和自信，展現一位酒廠繼承人的氣勢。

現在，他的部落格不一樣了，上面既有從前的報導，同時將部落格改名為「我的酒記」，上面光明正大地介紹了自家品牌「菊之司」，底圖和自介頭像也放上了他煥然一新的親切笑容。

我趁著今年舉辦日本酒活動的機會，與平井開心敘舊，他已經成為一位氣宇非凡的酒廠繼承人，臉上的笑容跟網路上的照片一樣，溫暖大器。

人只要下定決心，身處的位置也會有所不同。

看他最近的文章，提到自己受到知名節目《酒場放浪記》的吉田類先生採訪，我看了真為他開心。只要他繼續在網路上發送資訊，十年、二十年以後，一定能以第十六代平井六右衛門的身分被全國人民看見，並且名揚國際。

以上是我從親眼見證的眾多成功實例中，選出三位具有代表性的年輕人，把他們的故事介紹給大家，看完是不是很心動呢？

接下來，我會具體教你「心、技、體」的訓練方法，請記得，想在網路時代活用社群來拓展良緣，一定要下定決心「馬上做」、「做到底」，就能開啟新的人生。那麼，我們馬上開始練習吧！

心之章

得到貴人運需要的心態調整

名片從二：六：二法則中再精篩兩成

「丟掉九成的名片！」

「手邊最多留兩百張重要名片就夠用了。」

許多人聽到這兩句話，可能會嚇一跳吧。

對商業人士來說，「擁有很多名片」就像輝煌的戰績。的確，隨著工作經驗增加、頭銜和責任越來越大，名片的質與量也會相對增加。

然而，我最為尊敬的企業家和商業人士，往往不須仰賴名片便能打破公司和產業隔閡，他們與人的交情，就是如此之深、如此之廣。

甚至，我反而常聽人抱怨自己空有一堆厲害的名片，最後卻「沒有幫上忙」。

舉例來說，脫離大企業或知名集團、選擇自立門戶，以及離職後決定自行創業的人，最常遇到「期待落空」的狀況。失去了企業作為庇護，他們終將發現自己過去只是依附著名片上的公司名稱和頭銜來做事，那些你以為的寶貴人脈，全是商場上的交情罷了。

那麼，為何「九成的名片都不需要」呢？

我們常聽經營者和領導人提到二：六：二法則，這是在說，無論是任何集團，組織裡面都會分成「兩成、六成、兩成小團體」的經驗法則。

- 兩成「合得來」。
- 六成「都不是」。

●兩成「合不來」。

不刻意經營人際關係，我們也會自然地跟兩成「合得來」的人湊在一起；跟兩成「合不來」的人保持安全距離。

那麼，根據這個經驗法則，我們只需要跟兩成「自己人」相處就行了嗎？事情當然沒有這麼簡單。畢竟，若是大家都只跟臭味相投的人共事，那就不是在工作，而是在開同樂會了。

此外，企業也經常活用二：八的「帕雷托法則（80／20法則）」。

●排行前兩成的人氣商品，占了總營業額的八成業績。

●排行前兩成的頂尖銷售員，創造總營業的八成業績。

簡單地說，組織裡會有兩成的勤奮者，與八成的怠惰者。

在兩成的「自己人」裡，也有大約兩成閃閃發亮、會衝出業績的勤奮者。

將名片過濾到一成的絕招：活用二：六：二法則！

合得來的「兩成」與
合不來的「兩成」之中

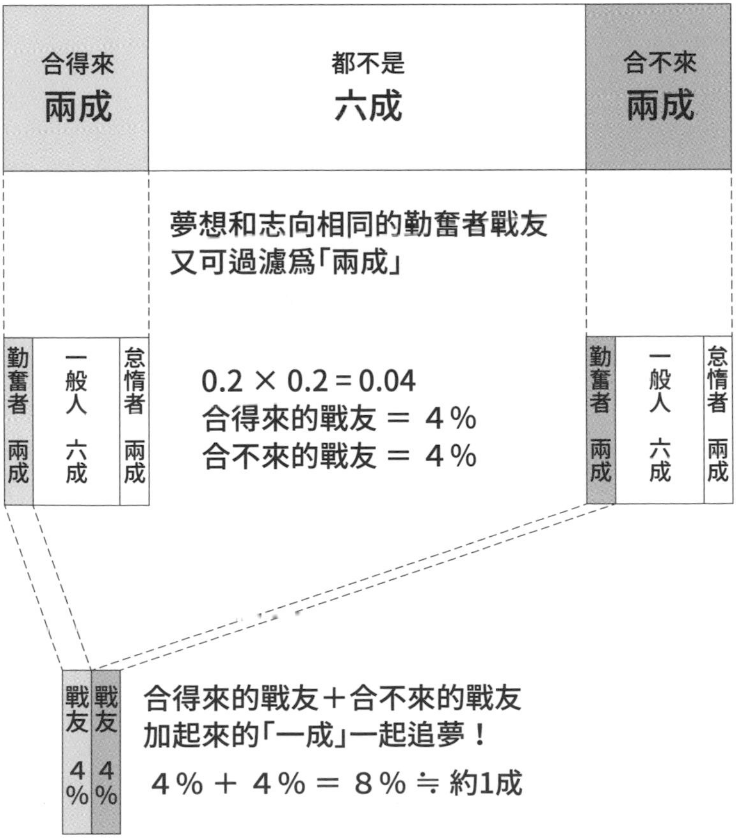

因此，能夠互相支援、在夢想與志向的路上一同前進的「真正戰友」，將是兩成中的兩成，也就是四～五％左右。

但是，你的夢想和志向越是宏大，就越難僅憑這「四％合得來的戰友」來達成目標。

舉例來說，請回憶一下日本代表企業──索尼（SONY）和本田（HONDA）的創辦人搭檔。

索尼的創辦人為井深大與盛田昭夫，本田的創辦人則為本田宗一郎與藤澤武夫，兩組都是相當有名的搭檔。一對搭檔裡，分別有一人屬於職人氣質，另一人屬於商人氣質，從個性到興趣都是南轅北轍。但也有此一說──就是因為這樣，雙方才能截長補短，使公司發展為全球企業。

如果組織成員全都目光一致，勢頭來時一起衝刺，的確能創造最大營收；風險是，遇到時代變遷或突發狀況，可能無人能夠即時轉向、踩下緊急煞車，最後導致整間公司誤觸暗礁、大家一起沉船。

此外，相似的夥伴聚在一起，容易只聽到相似的說法，所有人也都按照過去的成功模式做事情，很有可能錯失轉型的重要時機。

因此，我們必須從「合不來」的兩成之中，再精挑跟自己個性截然不同、專精項目也不同的「兩成勤奮者」當作夥伴。「他提出的建議總是很刺耳，但事後想想就會發現，他比我更精準地察覺市場變化。」——是的，我們要的就是「兩成中的兩成」，請務必找出這四％的專家當夥伴。

如此一來，這些不同個性的人，便能在第一時間對你及你的同質夥伴提出警告，藉此迴避隱藏的風險，使公司不被時代拋下。

也就是說，假設你有一百張名片，可以這樣篩選：

- 合得來的兩成（二十張）中，能力較好的兩成勤奮者（四張）。
- 合不來的兩成（二十張）中，能力較好的兩成勤奮者（四張）。

四張＋四張＝八張——最多抓到一成，這些人就是你接下來開拓人生所應該往來的對象。

因此，有機會交換名片、進行面談時，請仔細思考並且做好分類。

不用在意對方跟自己的工作有沒有關係、頭銜大不大，請在嚴選的一成名片上做好註記，收進特別名片夾或檔案夾吧。

- 意氣相投的人與磁場不合的人。
- 從中找出擁有衝勁和能力的人。

比起理性思考，請更重視直覺。趁年輕培養初次見面就能看出「這人不簡單」的習慣，如此一來，在年齡增長之後，識人的眼光也會更上一層樓。

有些年輕人可能會覺得「好不容易收集到這麼多名片，丟掉九成也太可惜了吧」。但別忘了，人生還很漫長，你獲得的名片數量只會越來越多，以後會認識更多厲害的人，屆時你將發現，和值得珍惜的人往來，是多麼地重要。

二 廣交不同領域的行家，拓展自我可能

「刻意接觸不同頻率的人吧！」
「去認識那些孤僻的怪咖吧！」

聽到這些話，你會有什麼反應？是否覺得提不起勁？或者，你常常跟落單的人搭話？

遺憾的是，從小到大，我們早已根深蒂固地學會了「排擠」與「避免被排擠」的本能。

說出不一樣的話語、做出不一樣的行為。

←太顯眼而遭到排擠。

←物以類聚才不會顯眼。

請回憶一下學生時代，或是轉頭看看現在的周遭環境，你應該不難發現「排擠」的痕跡。

跟遭到排擠的人搭話，甚至是當朋友，是相當需要勇氣的行為，一個弄得不好，下一個被排擠的可能就換成自己。為了避免陷自身於不利，人們逐漸養成「遠離怪咖」的社會風氣，平時總是小心翼翼的，好讓自己看起來很合群。

然而，物以類聚也會造成盲點，失去新的發現及新的洞見，同時也阻礙了打破同溫層的相遇機會。因此，我反而希望你多去關注之前忽略的對象，藉此增廣人際網絡。

遺憾的是，我所生長的東京老街區，正逐漸失去古時候由諸多不同職業的人所構成的豐富生活樣貌，區域特色多樣化的節慶活動越來越少，由商店街串起人心的美好習俗也漸漸流失，街道變成全國隨處可見的風景，居民走進全國連鎖服飾店和雜貨店買東西。再這樣放任下去，我們將被名為「單一化、均一化」的文明病所侵蝕，失去每一個人原來擁有的獨特性。

還有更嚴重的問題：現代人隨時人手一機，忙著與社群同好交流，連通勤時間、用餐時間也忙著回訊息，深怕稍有怠慢就會被時事拋下，這也導致小團體的情形越來越嚴重。

所以，哪怕只是一天一小時，或是一星期騰出一天也好，請遠離公司群組、好友聚會，以及家人間的社群平台，走出舒適圈，去認識之前不曾深交的朋友吧！這麼做是為了找出「合不來的兩成人裡，大放異彩的兩成人」，讓你有機會和這些之前無緣、跟自己「南轅北轍」的人當朋友。

你可能會訝異：「南轅北轍」沒問題嗎？會不會很難混熟？但我認為，個性相反的人，更有機會成為莫逆之交。

日本知名的九型人格分析專家——提姆・馬可林（Tim McLean）與高岡良子曾說過：「每個人的心中，都有完全相反的『另一個自己』。」

正面的例子有：害怕在人群前說話的內向者，最後成為了落語家（註：日本傳統技藝，由跪坐在舞台墊子上的人說故事）、作家或是主播。

不用劃地自限，只因自己在朋友間的形象已經定型，就認為自己辦不到。人生擁有無限可能，只享受到一半的樂趣就太可惜了。

讓「另一個自己」覺醒的捷徑，就是多去認識跟自己截然不同的人，拓展新的交友圈。

以我自己為例，我是一位文科出身的中小企業經營者，自從決定加入理科專家學者匯聚一堂的經營資訊學會，我一下子認識了許多新朋友。

例如慶應義塾大學研究所的國領二郎老師，我接受他的建議，報名了日經

Internet Award獎，並且幸運獲獎，從此開啟了「IT活用者」的人生之路。此外也有幸被明治大學的村田潔老師發掘、到大學教書，藉此發揮潛能，現在也是一位自我啟發書的作者。

只要你願意多去參加未知領域的專家聚會，就會跟我一樣，發現之前收到的名片如此「整齊劃一」。不僅如此，你會訝異於這些專家的交友圈是如此寬廣。踏出舒適圈需要勇氣，但只要跨出一步，就算無法立刻進入狀況，也一定會有前輩熱心帶路。在一流人士的眼裡，這種冒險家是寶貴的異類，他們樂於分享自己的經驗。

跟名片夾裡不會出現的一流人士往來是相當有趣的一件事。當你實際感受到他們的能量，眼界也會大開。我因此認識了各行各業的人士，開始跟不同年齡、國籍、性別的人對話，面對大人物和特殊職業的人，都能保持不卑不亢。具備開放謙卑的人生態度，人緣和財運自然會滾滾而來。

三 在艱困的時局磨練看人的眼光

「人生碰過越多難關，越能豐富人生的下半場。」

「在艱困的時局構築的人際關係，可以陪伴你一生。」

每個人都會在人生裡碰到幾次難關，這些難關正是用來鍛鍊識人能力、遇見真友誼的絕佳訓練場。在嚴苛的環境下，你不只會受人冷落，還可能遭到同伴背叛；同時，也可能有意想不到的人向你伸出援手。

我剛出社會的第一份工作是上門推銷紅白機的遊戲卡帶。懵懵懂懂的我，就這樣突然被推上「餐餐吃閉門羹」的殘酷舞台。畢業母校的名號和從讀書會學到的知識一概派不上用場，在拜訪的玩具店老闆眼裡，我只是一個默默無聞的小廠商，老是拿著賣不掉的遊戲來兜售。

當年我們還是新進的遊戲廠商，手上既沒有客戶名單，也沒人牽線介紹，因為這樣，當初真的完全沒人願意聽我說話，慘時連名片都沒人要。

儘管每天被婉拒，持續不懈地拜訪了一陣子，情況也逐漸改善。為了避免被直接門前掃地，我開始收集其他公司的熱門遊戲在大型店鋪的銷售動向，替客戶提供他們想要的競爭對手情報，並且不屈不撓地四處拜訪。久而久之，開始有老闆願意在空閒時聽我講話，現在我仍清楚記得第一次有人端出茶水招待的喜悅。

殘酷無情的推銷工作，讓我學到大學沒教的社會實情。

其中包括：「即使第一印象感覺難以親近，只要持續努力拜訪，就會獲得認同」、「乍看話少的人，混熟之後往往會熱情地找你聊天」、「通曉業界內情、見多識廣的大人物，看起來不一定顯眼」、「隱身巷弄的小店裡，也有業績超越大型店鋪的超級老闆」等等。

也就是說，「人不可貌相」的道理也能套用在店家，名片上印的企業名稱和頭銜並不代表一切，世界上還有許多一流人士藏身在街角巷弄。

第二個難關是我參與企劃製作的日本第一款股票投資遊戲《松本亨股票必勝學》，剛推出的時候完全沒人下訂。當年這款遊戲若是再不賣，公司就會面臨倒閉，出面解救我的，正是藏身巷弄的超級老闆，多虧這些無名英雄在背地裡支持我，新商品才能創下銷售佳績。

聽說理想的推銷方式就是完全不用介紹商品，客戶一看到你就會買單。這也表示，業務員販售的不是商品，而是自己。

現在想想，那些和我交情不錯的遊戲店老闆，關心的並非新穎的投資遊戲，而是被我的熱情打動。能夠親手販賣自己製作的商品，我高興都來不及了，那些老闆想要支持我做的東西才會買單，公司品牌和產品魅力都是其次考量，我很感謝他們讓我明白「人對人之間」的交情有多麼重要。

在我繼承了父親的公司——中小型國產T恤加工廠「久米纖維工業」後，曾多次面臨難關，其中最難熬的，就是泡沫經濟崩盤後遇到的信貸困難與信貸回收。為求降低工資，成衣業紛紛將生產據點移至國外，國內經年支持我們的在地批發商和百貨公司也接連熄燈甚至破產，光是產業本身便搖搖欲墜，應當伸出援手的銀行更在這時候停止融資。我一輩子也不會忘記當年日本最具代表性的大銀行承辦員直接告訴我：「我們不借錢給名稱包含『纖維』及『工業』的公司。」我聽到後有多麼震驚以及絕望。

我自己也在大型證券公司工作過，深知發生金融海嘯時，金融機構會以保住自身利益為優先，但我不曾料到連合作多年的大型都市銀行都會翻臉不認人。

到頭來，是我把社會和人心看得太淺。無論你收集到多少張名片，都無法扭轉「企業對企業之間」的利害關係，一旦在危急時刻發生利益衝突，長年構築的信賴關係就會瞬間瓦解。在艱難的時局遇見的友誼，才是堅不可摧的。

四 被當成怪咖又何妨？多去「認識新朋友」吧

「率先登上『跑錯棚』的華麗舞台吧！」

「當個『不會讀空氣』的怪咖，丟出炸彈發言吧！」

無論在多嚴肅的場合，世人一定都會記得保留所謂的「怪咖名額」，這並非我誇大其辭。就像日本職棒的一支隊伍裡會保留四名「外國人名額」，嚴肅的會議和專案計畫，一定也有所謂的「怪咖名額」。

比方說我，說穿了就只是一個中小企業經營者，卻身兼地區觀光打造、管弦樂隊和美術館營運、大學講師、ＮＰＯ支援等諸多像是「跑錯棚」的工作，這全多虧了「怪咖名額」之福。

有趣的是，當我在一場會議或專案計畫中完美詮釋了「怪咖角色」後，口碑也會傳開，之後又會有人邀我加入他們的「怪咖名額」。所以，去當一個怪咖，做出炸彈發言、替大家說出藏在心底不敢說的實話、丟出天馬行空的提案，如此一來，你將會獲得全新的舞台，藉此認識更多新夥伴。

為何社會願意在會議中保留「怪咖名額」呢？

【原因1】物以類聚和同質化的情形若是太嚴重，會導致意見陷入同一種模式。

日本社會普遍講求「讀空氣」（註：即察言觀色），這也使得多數人過度配合所屬企業團體的內部風氣，久而久之便成為整齊劃一的組織利害關係代言人。舉凡日本公家官廳、地方自治體、大學等機構的審議會和專案計畫，所有組織的代表人都像是同一個模子刻出來的，知進退、不躁進，導致會議尚未展開便落入同一個結論。

【原因2】多數人都太會讀空氣，不想成為「出頭鳥」而拒絕多說。

參加過幾次公家會議後，我最大的體悟是：沒有人敢主動舉手提出問題、表達意見。就算發言了，也都小心翼翼地謹守社會潛規則，等待長官和前輩率先發言。想當然，發表的內容也是最安全的那一種。

【原因3】許多人都把話語藏在心裡，等著某人開第一槍。

然而，受邀參加會議計畫的，都是來自各方領域的優秀代表，他們一定有話想說。我相信其中有不少人願意將利害關係放一邊，從更高、更全面的角度提供建設性發言，結果卻被迫參加打從一開始就決定好「結論」、只是流於形式的無聊會議，心裡感到相當不滿。此時，「怪咖」便是打破僵局、使氣氛煥然一新的重要角色。無論是公司或業界內部的團體會議，還是以個人為代表的讀書會，「怪咖」都是不可或缺的重要人物。

不過，有幾點請先務必留意。

當怪咖的注意點1　請用一般生活者的立場，率直地發言提問。

我發現一個奇特的現象：在充滿專家和特定團體代表的會議上，很容易欠缺最重要的一般生活者角度，因此，你只需要老實提供意見：「這麼做真的有必要嗎？」「我最需要的是這個！」就能讓大家恍然大悟。

當怪咖的注意點2　要當第一位發言人。

當主持人問：「有沒有人有問題或意見要提出呢？」時，請當第一個發言人吧！就算是相同的意見，也是先說的人較有利。以此為契機，會議也將活絡起來，主辦人和演講者會非常感謝你。

當怪咖的注意點3　會後記得和發言過的專家、主持人及主辦單位打招呼。

等大家踴躍發言之後，請專心聆聽參加者及主持人說話。會議結束後，記得輪流和發言過的專家交換名片、表達謝意：「我會參考您提出的〇〇意見。」最後請和主持人及主辦單位打聲招呼：「抱歉，剛剛沒想太多就發言了。」

儘管剛開始需要一點勇氣，但相信參加者和主辦單位會佩服願意率先提出真心話的人，其他人若是對你感興趣，也會邀你參加其他專家會議。跟不同領域的大人物交換意見，會讓你獲得其他「怪咖名額」，這是廣結貴人的重要門票。

在此介紹兩個我實際「率先丟出炸彈發言」，因此認識許多新朋友、改變人生的例子。

第一個例子是東京晴空塔（Tokyo Skytree）的建案剛成立時，我代表東京工商會議所墨田分部，參加了主要成員會議。

當天，時任墨田區區長的山崎昇先生也有出席會議，跟我討論晴空塔的建案，我們同時聊到墨田北齋美術館的建築與新媒體藝術的話題。

當時我還是一個年輕人（當年的年輕成員平均二十歲，剛好是我的年紀），坐在最末座，竟然斗膽向區長建言：

「新媒體藝術看一次就膩了，不如來弄每年都能舉辦的北齋獎吧？」

「如果有外國人入圍北齋獎，消息自然會傳到國外，可以省下一筆宣傳費。」

「每年把入圍的作品納為館藏，結合當地產業弄個北齋潮流商品怎麼樣？」

現在回頭想想，這些白目發言真令人捏好幾把冷汗……想必區長、區公所的主管和工商會議所的大哥們都記憶猶新吧。隨後，我被推薦到觀光協會當理事，並加入墨田北齋美術館的相關委員會，從此結識了先前無緣接觸的區域內外觀光文化藝術人士，有幸和他們一同共事。

第二個例子是我如何加入當地新日本愛樂交響樂團評議會。這個會議以歐力士集團（ＯＲＩＸ）的創辦人——宮內義彥理事長為首，有許多日本財經界、音樂界的重量級人物參加，而我只是一個地方中小企業代表，在此之前只聽搖滾樂和爵士樂，說來就是一個不知天高地厚的小夥子，出現在會議上簡直像是跑錯棚。

「管他是古典樂還是搖滾樂，我想聽能進入忘我境界的名曲！」

「現場演奏會有座位限制，我們可以推動付費線上觀看，把影片上傳到全世界，藉此增加事業收益！」

「定期舉辦會員限定、結合墨田當地知名糕點的預約套票怎麼樣？」

聽到這種搞不清楚狀況的外行人發表高論，大家一開始應該都嚇了一跳，但聽說直到今天仍有人期待聽我說出一些炸彈發言。像我這樣，發揮外行人的天然特質、當一個怪咖，都是在替自己增加機會。

五　頭銜往往也會阻礙你結交新朋友

「不要被名片上的單位名稱和頭銜給嚇到，甚至被誘惑！」

「不要濫用名片上的階級關係耍大牌，使人退避三舍！」

名片乍看是方便的產物，實際上也會帶來麻煩。

它本來只是一張小紙片，但在交換的瞬間，便打破了「人對人」應有的原始關係，使一段單純的人際，被名片上的頭銜和階級給綁住了。

他是有名的大企業家？還是默默無名的小企業家？

頭銜是老闆或管理職？或者只是一般員工？

交易的資本大嗎？還是很小呢？

上面有專業技能嗎？或者什麼都不會？

人們在交換名片時，很容易下意識用頭銜來衡量眼前的人際價值，還會因為名片上的權力關係下意識地裝腔作勢，或是心生畏懼、阿諛奉承。

遺憾的是，越是缺乏實力與自信的人，越喜歡用名片上的頭銜「展現權威」。反觀那些真正有實力且品格端正的人，無論眼前面對的是誰都能一視同仁，不會無意義地虛張聲勢，這是多麼諷刺的事實！

所以，年輕人若有機會接觸企業高層及大老闆，真的不需要太緊張，即便手上只有「小職員」名片，也要堂堂正正地展現「人對人」的風度，表達敬意之餘，切記直視大人物的眼睛，說出你該說的話。

越是大器的人，越不介意「年輕小職員」應該受限於什麼模樣，不會因為你的一言一行隨便發怒，他們反而有較高的機率對「積極誠懇的年輕人」刮目相看。你眼前的大人物，正期待著收到來自年輕世代的挑戰，無奈現在「草食系」和缺乏溝通能力的年輕人有增多的趨勢，讓他們大失所望。

缺乏活力、聲音太小、沒有笑容。
不會直視人的眼睛說話、不會打招呼。
不敢表達自己的意見、不會自己動腦思考。
基礎知識不足、沒有事前做功課。
不會報告、聯繫、商量。沒有寫信或是打通電話來道謝。

這是年輕人常見的習慣，只要反向實踐，就能獲得管理高層和大老闆的青睞。哪一種年輕人容易被討厭？答案是太會「讀空氣」、看見名片上的頭銜就畏首畏尾、不敢說出真心話、只敢鞠躬哈腰的那一種。我敢篤定，不被頭銜所困，能夠敞開胸懷把大人物當成師父、當成導師的人，才能建立真正富有意義的良好關係。

有時候，你可能會被關係不錯的大人物痛罵一頓，或是因為小小的粗心受到指責。但是，責罵往往代表了「測試」。

尤其現在的時代，只要主管稍微大聲一點，就會被控訴「職場暴力」，若非「十分看好這位年輕人」，主管也不會輕易開罵。

我用我的師父當中最嚴厲的日下公人先生來舉例吧。日下先生長年任職「長銀綜合研究所暨資訊化經濟中心」理事長，此外亦是歷屆首相的重要顧問。在每個月舉辦的日下school中，他總是毫不留情地痛罵學生，即便那名學生是某個領域的重量級人物也照罵不誤。

我永遠不會忘記，有一回，我和日下先生一起上現場節目，我把自以為做得很好的資料交給他，結果被狠狠打槍。不僅如此，他還在節目上指責我的輕率發言，害我嚇出一身冷汗。不過，我已深深明白，他是非常疼我才會罵我。

所以，我們不妨大方告訴上級和老師：「可以用力罵我、鍛鍊我的心性！」

六「地緣、血緣、校緣、社緣」屬於被動人際，「網緣」才是主動人際

「不要被出生地、身家背景、學經歷和所屬單位給限制住！」
「多去結交志同道合的新夥伴！」

網路社會帶來的最大福音是：跟從前相比，人們更有機會打破出生背景的框架、不被當下的任職單位給綁死，能憑一己之力「活出自己想要的人生」。只要認真運用網路資源，你絕對能找到志同道合的前輩和夥伴。就算彼此相距遙遠，平日工作繁忙無法見面，還是可以每天輕鬆聊天，彷彿比鄰而居。

不要忘記，現在是工作和網路同時並行的時代，我們可以利用網路宣揚自己的理念，藉此拓展新事業和新活動。

一位前輩告訴我，這種全新的人際關係叫做「網緣」。

這位前輩就是中村明先生，他是一九八〇年代風靡一時的電腦通訊軟體「@nifty」的草創者及前常務董事。

中村先生以自己為例，將人際關係分為五大類：

「地緣」：在生長的故鄉結識的人。

「血緣」：在生長的家庭結識的家人與親戚。

「校緣」：在學校結識的同學、學長姊、學弟妹與老師。

「社緣」：在公司結識的同期、上司下屬與客戶。

「網緣」：在網路上結識的志同道合者。

五種人際關係裡的「地緣」、「血緣」和「校緣」即俗稱的「生長背景」，基本上是無法改變的。當然，跟同鄉和老同學總是比較有話聊，但也容易沉溺在舒適圈。

對年輕世代來說，「社緣」近似「眼前的人際關係」，這些人多數是公司同事和往來的客戶，除非離職或是自立門戶，否則也是難以變更的，唯一會有的改變是人事異動。但是，你也頂多提出自己想調動的職務和部門，還不一定能通過。

也就是說，「地緣」、「血緣」、「校緣」和「社緣」決定了你的前半生，這些全是無法改變的人際關係。我們容易依賴「過去的人際關係」，使自己過上被動人生。

但是，「網緣」就不同了，它屬於「未來的人際關係」，我們可以憑自己的力量去開拓！

那麼，「網緣」該如何獲得？放下迄今收集的名片，挑一個自己想認識的人匯聚的網路社群，持續對外分享自己的看法，讓大家看見你努力不懈的模樣吧。

以我自己為例，我經營的公司「久米纖維工業」是自給率跌破一％的成衣製造業。受到日幣貶值和薪資成本的影響，目前在日本流通的所有T恤，幾乎都是外包給國外廠商生產，並以中國為大宗。即便如此，歷經日本泡沫經濟崩盤至今——俗稱「失去的二十年」，我依然屹立不搖地在網路上宣揚「日本國產T恤」的美好，拜此所賜，支持我們國產製品的客人也慢慢增加。

我們一步一腳印的宣傳活動，漸漸引起業界人士的注意，並邀我擔任「日本國產製品提案計畫」發起人，我因此得到跟堅持日本在地製造的高品質國際品牌：KAIHARA DENIM、EDWIN、Maker's Shirt鎌倉等同業大前輩老闆一起辦活動的寶貴機會，這些契機全來自「網緣」。我們只是規模很小的公司，多虧了網路，讓我們有機會受到矚目，獲得寶貴的邀約。

當然，跨出工作領域，主動出擊的「網緣」亦能豐富人生。

我曾漫無目的地拍攝「漂亮的電線風景照」，沒事更新到社群網站上，想不到某天突然收到「電線俱樂部」的祕密聚會邀請。

平時我們只在網路上活動，彼此不曾打過照面。但在某一天，同好們真的

地緣、血緣、校緣、社緣決定了我們的生長背景，但是，我們能用網緣開拓屬於自己的未來！

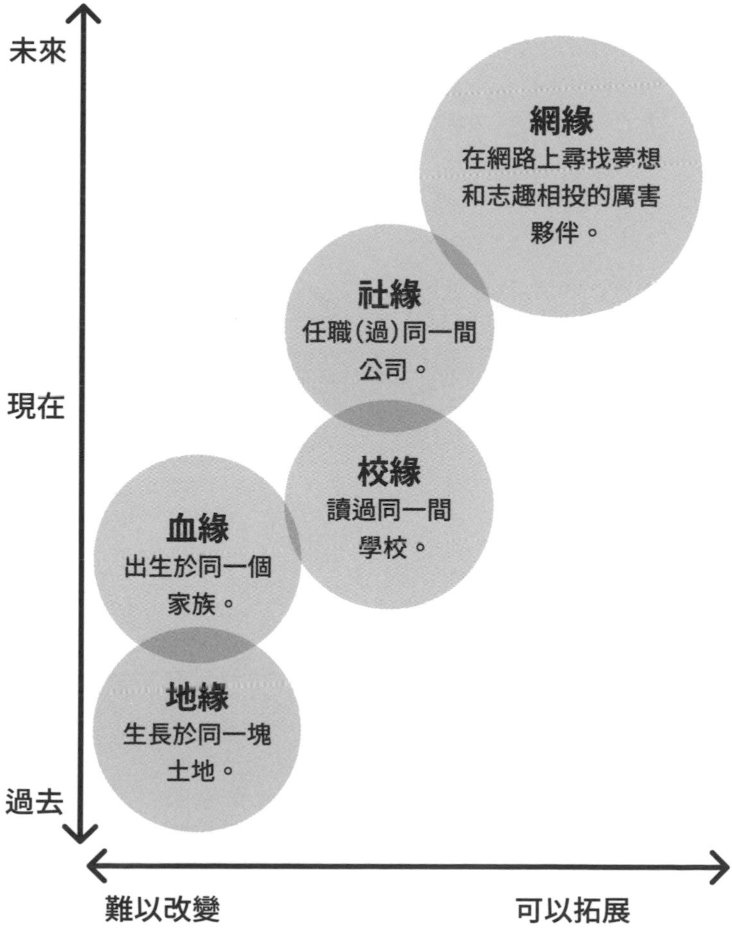

相約出來喝兩杯，更令我訝異的是，他們全是跟我的老街T恤日常毫無相關的厲害人物！其中包括榮獲優秀設計獎的工業設計師、負責企劃法拉利等名牌跑車配件的設計師，以及IT相關產業的高層幹部等……每位網友都大有來頭，杯盤間的話題之豐富，令我驚訝連連。

這些被不起眼的電線感動的人士，一個個都擁有能把眼中所見的世界變得有趣的才能。人生只有一回，與其花時間抱怨「隔壁鄰居」，不如找機會開拓新的「網緣」。

七 善用公司的私人聚餐和酒會，發掘身邊的行家

「原來他的業績這麼好、這麼懂做事的方法啊……」

「意想不到的一句話讓我靈光一閃、得到啟發。」

許多人不擅長跟主管和同事喝酒聚餐，也害怕跟客戶吃飯。正因為希望能把公事和私事徹底分開、杜絕公私不分的年輕人越來越多，「反正下屬不來，主管也索性不邀」已成現在的社會風氣。

我還在當上班族時，也曾為了公事上的人際關係而煩惱，有時光是看見「某些難搞的傢伙」就會胃痛、眼瞼痙攣，真的相當痛苦。為此，我一個星期

還會刻意找幾天，獨自一人躲到公園吃便當。

當年我會過得如此痛苦，是因為我把每天見面的人視為「工作上不得已的交際應酬」，每當主管和客戶邀我去吃飯，我都會盡量不說話，只想趕快把飯吃完離開，如今回想實在汗顏，太糟蹋「寶貴的機會」了。

換個角度想，再怎麼平凡的主管也是我人生當中的重要導師。當年主管趁聚餐和喝酒的機會教我的事情，直到現在依然受用。坐在辦公室的時候，人人忙著趕業務，不容易從主管身上發現值得學習的優點。

我任職於證券公司的時期，新到任的主管曾邀我去吃午餐。當時，我負責的業務是活用新興的ＡＩ開發諮詢系統，大概是因為這樣，我暗自在心裡瞧不起從傳統舊制的分行調來的新主管。

當年，我在工作上有個致命弱點。首先，我家只有兄弟沒有姊妹，又在男校度過多愁善感的青春期，加上沒有臨場的業務經驗，所以完全不了解實際運用ＡＩ系統的分行女性業務員的心情。其次，我在研習時也不擅長跟其他女同事打交道，對很多方面都很生疏。

那位主管是長年在業務現場替女性組員打氣、帶領她們達成業績的管理高手。當天用餐時，我想說乾脆和主管提提這件事，並且老實說出我的煩惱：「請問我該怎麼做，才能讓分行的女性組員更願意使用新系統？」

這個問題彷彿按下主管的開關，他馬上對我傾囊相授。對他來說，這只是年輕人常見的小問題，根本不用為此發愁。當年主管和我分享的知識和經驗是如此寶貴，讓對女性心理十分陌生的我茅塞頓開，甚至比我熟讀的心理學書籍和商業書籍都要實際、都要管用。

如果只是單方面強調ＡＩ諮詢系統有多好、多方便，並不會加深使用者想用的欲望。透過這次機會，我才深深領悟「如何鞭策組員？如何討老闆歡心？」這類問題，還是當面請教經驗豐富的過來人最有用。

從前的我腦筋很硬，心思不細膩，經驗也不足，完全不懂主管厲害在哪。

在那之後，我開始積極向身邊的長輩們請益，除了工作之外，也找他們商量未來的方向，才發覺重要的導師其實近在身邊！這些人可能是你的主管，可能是你的客戶，第一印象越凶的人，往往越有可能成為寶貴的「人生導師」。

明白之後，我簡單設定了新的工作規則：

- 收到聚餐邀請，至少要去一次。
- 一邊發問，一邊積極聽取建議。
- 進一步聊到自己的夢想和志向。

奇妙的是，當我開始實行之後，許多人都對我展現出平時看不見的另一面，熱心為我這不懂事的年輕人指點迷津。從此以後，我漸漸不再害怕應付不擅長的類型，而是把他們當成可敬的人生前輩來看待，在心裡慢慢與他們和解。

此外我也發現，這些人一旦敞開心房、「打開內心的開關」，就會自然和你閒話家常，來到這一步，人際關係就會從生硬緊繃，變得親切自然，漸漸地，我也不再害怕去拜訪那些令我胃痛的人物了。

因此，我們不妨豁出去，把公私分明的界線拿掉，多和身邊的主管和客戶前輩聊一聊，說不定會因此遇到人生路上的良師益友。積極談談自己的夢想，傾聽前輩的建議吧。

就算今後轉換跑道，你所獲得的寶貴建議也能受用一生，在未來的某天派上用場。

八 找出兩百位重要戰友

「重要時刻擁有兩百位可靠戰友，足以改變人的一生！」
「重要人士的名片和名冊要另外歸檔。」

用「名片的數量」和「網友的數量」來炫耀人脈是沒用的，儘管沒有實際數過，但我光是交換過的名片就有上萬張，在社群上擁有的追蹤數和好友數加起來也有上千人。

遺憾的是，我無法記住這麼多人臉和人名，也沒有足夠的時間和體力跟所有交換過名片的人深入往來。

我們該做的是——好好珍惜少數良緣。

本章在開頭就告訴讀者「丟掉九成的名片」。每個人在剛踏入社會時，手上都不會有太多名片。但是，名片只會增加不會減少，回過神來就會變成厚厚一疊，漸漸地，你會無法區分哪些才是重要名片。

所以，請趁名片還不是太多時就下定決心：留下一成，丟掉九成！把重要名片分開歸檔，再從這份特別檔案夾嚴選出兩百張名片。

一位人生前輩曾告訴我一個經驗法則：「人在一生之中，有機會深化關係的人，最多就是兩百人。」先不管數字精不精確，從我自己的經驗看來，「想要見面、學習或共事」的重要人際，也頂多就是兩百人。

假設我們真的跟超過兩百人密切往來，犧牲掉的將是每天見面的同事和家人。人際關係的第一守則是不影響共事者與生活伴侶，太過熱衷於對外交際、忽略身邊重要的人，就真的「Game Over」了。

此外，面對兩百位重要的人生戰友，不能只有網路聊天、通通電話就好，一年至少要見一次面、好好聊一聊。無論再忙，都要聯絡彼此的近況，暢談未來的夢想，甚至交流「有點宅」的興趣嗜好，這些實際見面歡笑的時間，才是最珍貴的。越是遠離日常生活、待在不同工作領域的朋友，越能為你帶來啟發和靈感。定期確認彼此的近況、互相勉勵，就有動力和勇氣繼續完成目標。

即使一年只見一次面，兩百人加起來，平均一星期也得見上四位朋友！因此，在極其有限的時間裡，想要取得與家人、同事相處的平衡，又要結交人生中的良師益友，真的最多就是兩百人左右。

那麼，我們該如何挑選重要的兩百位朋友呢？

首先，請和日常生活中會見到面的人深入對話，聊聊將來的夢想、喜歡的事物或假日如何度過等等，從閃閃發亮的眼神找出一流人士。

從兩千張名片當中，精選出兩百位人生導師及戰友！

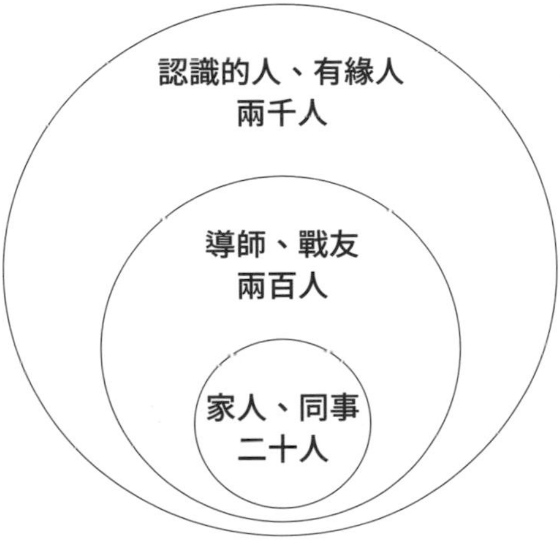

用網路開拓「網緣」，認識兩千人

認識的人、有緣人兩千人	×僅憑老舊的「名片收集」要認識兩千人十分困難。 指同鄉（地緣）、親戚（血緣）、同學會（校緣）及同事（社緣）。 ↓ ◎放下名片、「善用網路」去開拓「網緣」吧！ 指讀書會、研究會、NPO活動、同好社團等。

↓

嚴選「夢想」和「志向」相符的兩百人

導師、戰友兩百人	×工作認識的「被動人際」，大概會有兩百人。 用賀年卡、暑期問候、年節招待等方式維持社交禮儀。 ↓ ◎自行發掘厲害的行家，選出幫你實現夢想的「導師、戰友」。 跟公司外認識的老闆、專家、作者、講師等大人物學習。

- 相處時自己也會感到開朗有朝氣。
- 聊起夢想和喜好看起來很開心，眼睛閃閃發亮。
- 擁有一項才藝，並且愉快地持續學習進修。
- 商量煩惱時，能設身處地為你著想。
- 會自然把你介紹給熟識的夥伴和老師。

試想，假如名片收集簿和網路通訊錄上的兩百位好友，全是值得尊敬、學習的對象，不是非常令人期待嗎？

製作一份「愉快夥伴名單」，不僅能為工作帶來助益，還能拓展興趣及NPO活動的交友圈。對哪一方面的領域感興趣，就上網尋找相關領域的厲害前輩，讀完書後寫個信交流一下，或是參加讀書會等等，多多開拓自己的網緣吧。當認識人數慢慢來到一千人、兩千人時，你應該已經遇見那重要的兩百人了。

九　初次見面靠「心房鑰匙」確立今後的關係

「和這個人交換名片時，如何單靠一句話就讓對方露出笑臉？」
「我該丟出什麼問題，才能開啟對方的話匣子呢？」

以上是我與人初次見面時，會特別留意的兩點。

具體的作法有：上網看看對方公司新推出的產品報導，從中發掘迷人之處，將內心的感動說出來。如果對方有在寫部落格或本身就是書籍作者，我們可以先讀過內容，把留在心底的一句話告訴對方。有時聊聊對方在網路上介紹的店家及音樂感想，都能立刻開啟話題。

從「用心的一句話」開啟的會面，將成為「特別的時光」。明明是初次見面，卻彷彿老友一般有話聊。人一旦卸下緊張，商談的結果也會順利圓滿。網路是方便的工具，上網搜尋一下會面者的名字，就能立刻找到更多個人資訊和他所感興趣的事物。

反過來想，如果邀約者都能貼心地做好準備，洽商的過程也會順利愉快，對吧？稍微用手機滑一下我的社群帳號，就能輕鬆知道我這幾天遇見哪些美食、被哪些事物感動。有了個人資訊做參考，想像對方「此刻」會有共鳴的一句話，就沒那麼困難了。

我們多多少少會在前往拜訪的車程上滑手機吧？利用短短的五到十分鐘，搜尋一下即將拜訪的對象有無社群帳號，看看有什麼話題可以聊，就不用怕初次見面會冷場。

明明是如此簡單的事情，「實踐者」卻相當稀少，為什麼呢？

×不想和工作上碰面的人深交。
×不想涉入對方的私生活，自己也不想被打擾。
×不曾體驗了解彼此、加深情誼的樂趣。
×追根究柢……反正就是對人類沒興趣。

德蕾莎修女有句名言：「愛的反面不是仇恨，而是漠不關心。」
我認為：「即便是價值觀不同的人，只要保持關心，就能產生關懷與友愛。」

○因為工作結識了萍水相逢的朋友，是非常幸福的事情。
○雙方若能跨越身分、說出真心話，就能遇見未知的世界。
○加深對彼此的認識能帶來歡笑，感情會更好。
○任何類型的人都值得了解，相遇必有其意義。

我想，一定有不少內向者因為不善表達，過去總為人際關係所苦。越是害羞的人，越需要在見面前先上網做功課，藉此消除緊張。先大致了解對方是什麼人，並在交換名片時添上一句話作為「心房鑰匙」，讓對方露出笑容，你就成功了。之後只要順著話題提問，對方就會開心和你逐一分享。「心房鑰匙」的目的是用一句話建立情誼，這句話不需要有品味，也不需要太複雜。

舉個實際的例子，我和在機車車禍中幸運生還，堪稱「日本最幸福的人」、四處巡迴演講的古市佳央先生初見面時，「敲響內心的一句話＝心房鑰匙」竟是「咖哩」。事實上，我非常愛吃咖哩，要我一天照三餐吃也完全沒問題，而古市先生剛好和我一模一樣！因此，我們剛見面就大聊咖哩，還一起去公司附近的尼泊爾餐廳享用咖哩飯，當時那一餐有多美味，我想我一輩子也不會忘。

如果只是交換名片，當然無法記住彼此。用制式化的方式收集來的名片，只是一張紙片罷了。

「我該用哪一句話開場，讓即將要見面的人開心呢？」

請把這一點放在心上，養成事先做功課、在腦中模擬訓練的習慣。我會上網搜尋對方最近感動的事物，以及當下關注的議題，如果有資料和著作可以參考，我也會仔細拜讀。可以的話，工作和個人興趣都要找。

交換名片的第一句話，建議用共同的興趣或是愉快的話題開場，使對方放鬆心情。等正式進入商談，再提對方現在關心的事業及服務項目，並提出自己的點子。

一、交換名片時用「第一句話」使對方綻放笑容；二、切入正題後，針對對方的志趣大方提供「自己的觀察」。掌握以上兩點，便能讓這次見面發展為難忘的情誼。

技之章

抓住貴人運的技術

一見面的前後十五分鐘，拿起手機這麼做，使相遇富有意義

「你的智慧型手機，會用來認識新朋友嗎？」
「忙著用手機查看所有朋友的動態，你難道不累嗎？」

還記得舊型手機剛問世時，曾是有錢人才能擁有的「高門檻」商品。後來網路開始普及，手機的連線速度極慢，光要顯示一張靜止的圖片，就要等上數十秒。誰會料到，人手一支智慧型手機、隨時都能上網的時代，會來得如此之快？

現在只要拿起智慧型手機，就能查到你想查的所有資訊，找路時有地圖導

覽，購物時能立刻查價、貨比三家。不僅如此，我們還能隨時拍照、錄影，傳給某人或是上傳網路與全世界分享。

每個人都把媲美大型電腦的機器放入包包及口袋裡，彷彿帶著小型圖書館×百貨公司×衛星電台行走。

放眼望去，在街上、在電車裡，人們一有空就會滑手機。遺憾的是，多數人不是在玩手遊，就是彷彿開線上會議一般，忙著與熟悉的工作夥伴交換工作訊息。

這就像是，我們明明擁有可以飛往全世界的私人飛機，卻依然選擇留在地方機場徘徊。別忘了，網路的另一頭，還有數不盡的美景和值得認識的專家在等著我們，別再十年如一日地跟鄉親會和老同學們泡在一起了。

首先：戒掉反覆打開遊戲界面和社群帳號訊息匣的壞習慣！選擇一個較好的時段，一天固定在這個時段查看就好。

可以的話，最好是回家後的獨處時間，而不是在外面。因為，即便是搭車的時間、移動的時間，或是在咖啡廳、餐廳裡等待的時間，也有許多值得用心感受的事物。

就算是平日看慣的通勤路和通學路、映入眼簾的天空和雲朵的色彩，以及花朵和葉子的形狀，也每天都不太一樣。還有肌膚感受到的風和溫度，乃至鳥兒的啼叫、人群的交談聲，只要用心聽，都能聽出一番趣味。也許人生的樂趣和未來的線索，就藏在路邊招牌與電車的吊牌廣告中呢！

然而，一旦弄錯了智慧型手機的使用方法，很可能失去對外界的關心和感知力，對該欣賞的風景視若無睹，注意力總被手機螢幕吸進去，久而久之，手機便淪為限縮自身感受力和發展性的「麻醉藥」。

另一方面，我認為智慧型手機也是人類手中最強的「知性×感性×品性」擴充工具，同時也是把「相遇機會」最大化的劃時代發明。

- 「這朵美麗的花叫什麼名字呢？」

——立刻用手機搜尋顏色和外形。

●「哪裡最適合欣賞這種花？」

——用手機搜尋附近的賞花景點和花季，週末前往欣賞，用手機拍照。

●「有沒有人想欣賞我拍的美麗花朵照片呢？」

——附上一句話，把手機拍下的照片上傳到社群網站。

從古至今，世界上不乏對花朵感到好奇的人，但從前無法當場查到花的名稱和盛開地點，更別提是加上一句感想、把照片上傳到網路上，同時跟數百、數千位來自世界各地的朋友分享。

日本金屬工藝研究所代表——山田敏晶先生就是一個例子，每天早上，他都會固定發文說：「Good morning！大家早！」同時上傳一張自家附近的漂亮花朵照。山田先生的花朵照和晨間問候，是我每天早晨的活力開關。

就像被漂亮的花朵觸動心弦、想要多了解一下這種花的品種，認識一位新朋友，也是從好奇心開始的。以後邂逅新朋友時，不妨多帶上一點好奇心吧！

作法很簡單，只需要一支智慧型手機，和十五分鐘的專注時間。

首先，上網搜尋即將拜會的人的姓名。

- 「這次要拜會的朋友，從事哪方面的工作呢？」

——立刻用手機搜尋，瀏覽對方公司的官方網站和介紹影片等。

- 「這位朋友最喜歡哪類事物呢？」

——事先用手機搜尋對方的簡歷及社群帳號。

先透過手機了解這位人物，就能在交換名片時附上「一句心房鑰匙」，使雙方擁有老友般的熱絡互動。

這絕非難事，因為人們的「心房鑰匙」不會只有一把。多數人的社群帳號不會只發單一類型的貼文，通常是工作、興趣、家人、吃飯摻雜在一起，我們可以事先透過「按讚」的方式表達共鳴，並在最感興趣的貼文底下「留言」，

從網路貼文和照片找出符合對方喜好的「心房鑰匙」！

久米信行
8月8日

【電線俱樂部＞筆直的電線、彎曲的電線】

如果都是直的太無聊，
混點彎彎的進去最動人，
如果外觀都一樣就少一味，
有粗有細才可愛。
我連旁邊的屋子都悄悄看呆了，
專心欣賞起黃昏的雲朵。

讚 51人 2次分享

↑

喜歡電線、夕陽、街景

久米信行
8月12日

【百日菊紛飛的日子】

聽說在富士山麓盛開的這種花，
會在特別的時刻起飛，
只有被選上的花才會乘空飛翔。
今天就是百日菊啓程的日子，
出發的是這些花朵。
他們高高飛過了富士山，
迎向雲的彼端。
▼觀雲俱樂部
http://www.facebook.com/kanunclub

讚 117人 2則留言 2次分享

↑

喜歡花朵、藍天、童話

這樣便做足了準備，交換名片時只需要提到「留言」的內容就行了。

如此一來，哪怕是初次見面也不怕沒話聊。此外，請記下印象深刻的一句話，進一步詢問：「我可以在網路上分享您剛剛提到的有趣話題嗎？」可以的話，也問對方能否讓你拍攝相關照片，多數情況下，對方都會欣然接受。

道別之後，記得趁見面的感動尚未褪去時，把今日印象深刻的部分寫成貼文，在網路上介紹給大家。記得寫封感謝的Email或留個訊息，附上這篇貼文的連結網址，對方一定很感謝你。

見面前「花十五分鐘尋找共鳴」，見面後「花十五分鐘介紹及道謝」，養成這個小習慣，就是「用智慧型手機獲得貴人運」的精髓所在。

二 上網谷歌、逛逛維基，再去赴約

「與重要朋友見面之前，應該如何做準備？」
「你知道一無所知就去赴約有多失禮嗎？」

當我還任職於日興證券（現為ＳＭＢＣ日興證券）時，我敬愛的主管，亦是我重要的老師——無論個人客戶、大企業主還是金融機構執行長都喜愛的「業務之神」笠榮一先生曾經表示：「業務的成敗，七成靠準備。」

老師曾苦口婆心地教導我：「最重要的是了解客戶的個人喜好！」因此，我們必須提前探訪，就算見不到本人，也要跟櫃臺人員或祕書打好關係，藉此打聽「客戶喜歡哪些東西」。我們也會頻繁招待客戶去打高爾夫，除了打探「哪裡有好生意」，也要努力了解「個人喜好」。有時比起股市消息，還不如送上一隻客戶的寶貝孫子想要的獨角仙，我就曾經因為這樣贏得客戶的信賴。

值得慶幸的是，現代人不需要如此拚命，即使你任職的公司和職務無法編列業務預算，你也可以輕鬆查到客戶資訊。

方法就是提前用姓名「上網搜尋＝谷歌一下」，看到不懂的專門術語，就「善用維基百科（Wikipedia）＝查詢網路辭典」，很快就能找到答案。

首先，請用個人姓名（＋檔案）上網搜尋。

- 搜尋結果一共有幾項？數字越多，影響力越大（留意同名同姓的名人）。
- 排在前面的網頁是什麼？如果有個人網頁或檔案，務必熟讀。
- 如果有本人經營的部落格、電子報或社群帳號，請訂閱並申請好友。

接著，請用所屬集團名稱（＋口碑）上網搜尋。

面對想認真往來的對象，請先谷歌、看完維基，再去赴約。

事先準備占了七成＝獲得貴人運的關鍵

搜尋對方「喜愛的物品×事情×人物」＞感受＞共鳴

網路搜尋：檔案、官方網頁、部落格．社群帳號、介紹報導

→

調閱資料：著書、著作、型錄、商品、作品、推薦商品

→

實地走訪：最近的店舖、展演空間、參觀工廠、推薦地點

↓

拜訪前請準備三種話語

交換名片的五分鐘之內，用三種話語拉近距離。

1 交換名片的一句話。對朋友珍視的事物表達共鳴

例）您前幾天分享上傳的◎◎照片（or您提到的□□話語）實在太棒了！

2 亮出準備好的物品並且表達感想。拿出朋友的著作或商品回饋心得

例）我馬上去店裡買了這項新產品來用，非常＊＊＊！

3 貼近核心理念的提問。傾聽朋友此生最重視的理念

例）貴公司的◎◎經營理念令我相當感動！請問您是如何得出這個精髓的？

● 搜尋結果一共有幾項？數字越多，影響力越大（留意同名的知名企業）。
● 排在前面的網頁是什麼？如果有官方網頁或介紹報導，務必熟讀。
● 如果有官方經營的部落格、電子報或社群網站，請訂閱。

用個人名稱和集團名稱搜尋到的網站上面，常有看不懂的專門術語或重要單字，記得先查看維基百科。

乍看之下很費工，但不用想得太複雜，請在見面前十五分鐘量力而為。如果是個人而非集團，要讀個人簡歷及最新貼文；如果是集團法人，要讀經營理念、公司概要、沿革、主力商品和最新情報。

如果此人是你想要深交的朋友，請從見面前一週開始準備，不要只看網站和網路文章，還要多找他的著作、公司簡章和商品型錄來看，看完這些素材，再來想像他的喜好和追求的方向，等答案都備齊再去赴約，這才是「準備齊全」。

之前不擅長接見大人物的讀者也不用緊張，比起個性陽不陽光、嘴巴夠不夠甜，更重要的是養成事先準備的習慣。有了這些好習慣，話題自然會順暢無阻，贏得重要客戶的信賴。

嘗試之後，你會發現之前畏懼的「怪咖」或是「一流人士」，會因為你細心的準備，和你分享非常多有趣的話題。

靠著事前下功夫使初次見面圓滿落幕——有了幾次成功經驗以後，你將無懼於任何大人物所散發的威嚴，能夠輕鬆自在地與之對話，並從新朋友的親切笑容獲得能量和勇氣。

多加搜尋即將拜會的對象的個人資訊，能夠激發好奇心，讓你忍不住想多多請益，對方通常也樂於分享。你將期待著下次見面，漸漸贏得生命中的貴人。不要猶豫，當一個樂於結交新朋友的人吧！

三　打造愛屋及烏的「心房鑰匙」

「他不認同我的喜好，我當然對他沒興趣。」
「他願意認同我的喜好，我怎麼可能討厭他？」

針對即將拜會的重要朋友，光是上網查資料是不夠的。最重要的是，你也能同樣喜愛這位朋友珍愛及看重的事物。共同的喜好能創造愉快的對話，成為加深友誼的「心房鑰匙」。

如同前述，我喜歡拍攝有「電線」和「電燈」入鏡的美麗風景、捕捉有趣的瞬間，所以加入了網路社團「電線俱樂部」和「電燈俱樂部」，在那裡和成員們分享照片。每當我和朋友提到「電線俱樂部」和「電燈俱樂部」，通常會得到以下幾種反應：①「用奇怪的眼神打量我」；②「毫無反應」；③「覺得有趣」；④「有所共鳴」；⑤「開始效法」。

多數人都是③「覺得有趣」，也樂於閒聊這個話題。可惜的是，他們並不會好奇地追問美在哪裡、樂趣為何。

但是，跟十個人提起，大約會有一至兩人真的找到我放在網路上的「電線照片」，為我按讚、留言，成為④「有所共鳴」的人，這是最令創作者感動的一瞬間！有些留言簡直就是我的心情寫照，有些提供了不一樣的觀點，使我高興不已，比收到稱讚我的本行——我做的T恤和我寫的書更令我心情飛揚。

偶爾還會遇到更加驚喜的——對方也開始拍攝「電線照片」，從此加入「怪咖」一族，這種人就是⑤「開始效法」的人。看到新夥伴的照片，得知「他正和我欣賞相同的事物、感受一樣的樂趣」，我會產生一種難以言喻的幸福感與同步感，覺得跟業界同行和工作夥伴相比，電線同好似乎更貼近我的心靈。

「怎麼可能每認識一位新朋友，都喜歡他『所有』的興趣呢？」

應該有不少人會如此反駁吧？是的，就算是我，也不可能配合所有人的興趣，「開始通通效法」。無論是時間還是體力，都是不可能做到的。

但是，我可以積極感受每一位重要朋友珍視的事物，當一個④「有所共鳴」的人。

我會大力推薦各位對朋友喜愛的事物「有所共鳴」，並不只是為了創造人際上的「心房鑰匙」，有很大的原因是，這麼做能夠提升自己的知性好奇心。容易被萬物所感動，人生也會變得幸福快樂。

- 如果這位朋友很重要，他所喜愛的事物裡，肯定有不少我自己也會喜歡。
- 與人深交可以擴充自己的興趣，豐富人生。
- 再怎麼古怪的興趣，只要持續三天、三個月、三年，你一定會熟練並愛上它。

認識厲害的行家以後，請尋找「心房鑰匙」，用社群帳號傳訊息→發一篇介紹文→與好友分享。

1 傳訊息道謝＋詢問可否讓我介紹＋提出好友邀請

久米信行　2015/08/27 23:48
大澤先生，謝謝您超讚的演講，我的心已經完全飛向杜比全景聲的擴大機和音響了，等我擴充好設備之後，會再寫一篇使用心得！對了，我想在臉書上介紹您今日的演講，請問方便加我好友，讓我標記您嗎？謝謝。

大澤幸弘　2015/08/28 8:15
好的，麻煩您了，謝謝！

久米信行　2015/08/28 9:02
大澤先生，謝謝您迅速回覆，並且答應我的要求。我發好文章了，請看下列網址。用的不是有Dolby Vision功能的相機，動態畫素比較低，不好意思！
http://www.facebook.com/photo.php?fbid=10153566940709648

2 發文共享當時的感動

久米信行 和 大澤幸弘 一起在 東京美國俱樂部
8月28日 9:00

【Dolby Japan大澤幸弘社長「心靈自由工作術」
我現在最想要的東西＝Dolby Atmos專用擴大機和音響】

你的心渴望被感動嗎？
你的身邊有最美妙的音樂和高品質電影、影集嗎？

我是一個音響歷40年&家庭劇院歷30年的電影愛好者，請容我用如此熱情的開場方式，介紹最特別的影音企業「Dolby　Japan」的老闆，大澤幸弘先生的演講！上述兩個問題，我的答案都是YES！每個星期用兼作客廳小型家庭劇院觀賞杜比高音質電影，是我人生最大的樂趣，也是「心靈的養分」。
最近在電影迷和家庭劇院迷（包含我）之間最熱門的話題，就是杜比全景聲（Dolby Atmos），我直接聽大澤先生本人分享了它的魅力！杜比全景聲不只前面裝了音響，側面和背面也有，如果說之前的杜比環繞音響是二次元世界……在天花板裝設音響、表現出高度的杜比全景聲，就是三次元世界！
接下來連好萊塢也會用杜比全景聲製作電影，杜比全景聲將成爲世界主流。全日本的電影院也會跟進設備。一旦體驗過那種臨場感，你就再也回不去了。
大澤先生說，只要加裝五萬圓左右的擴大機和一萬圓左右的專用音響，在自家也能享受同等的影音效果。
啊～我好想買全景聲專用的視聽擴大機和音響！

3 對發文的評語

大澤幸弘 謝謝你久米社長。升級後的感動漸漸變得人人可感受到了。
取消讚　回覆　1　8月29日 22:52

多去認識擁有特殊才藝的人生前輩，共同興趣的「心房鑰匙」也會增加。收集到的「心房鑰匙」越多，今後越有機會結識優秀的行家，與之成為好友。這就是人生的正向循環，你難道不心動嗎？

認識一流人士和各行各業的行家，可以增加你所擁有的「心房鑰匙」，以後遇到初次赴約的情形或是陌生人，你也能用交換名片的一句話及道謝的訊息，輕鬆走進他們的心。

分享一個開心的例子。日前，我去聽了《心靈自由工作術》（心が自由になる働き方，かんき出版，暫譯）的作者、由Dolby Japan的老闆指名接班的大澤幸弘先生的演講，發現了共通的「心房鑰匙」，為此興奮不已。

這把鑰匙是——「我們都喜歡用家庭劇院看電影」！杜比環繞音響開發了電影用的立體音響系統「杜比全景聲」，使小家庭也能以便宜的價格享受立體環繞聲，簡直太讚了！

演講結束後，我跑去向大澤先生請益，就這樣和他聊開了。

當晚，我用Facebook搜尋大澤先生，把今日的感想寫成貼文，發了訊息向他道謝，結果大澤先生本人親自來留言，還轉貼了我的文章！

四 簽名檔和社群平台取代名片的時代

「我想打電話和寄東西給發信人，才發現上面沒寫署名。」
「我收到了交友邀請，查看對方的社群帳號，上面竟然沒放自介。」

上述令人遺憾的經驗，你是否也曾遇到過呢？難得有機會認識一位新朋友，也許他就是你「今生的貴人」，想要深入了解的欲望卻因為這些原因而消退。

請反思一下，寄送物品給重要的人時，我們不太可能沒寫寄件人資訊就貿然投遞吧？初次拜訪客戶時，不會有人沒準備自己公司的名片、部門簡介和產品型錄，就冒冒失失地跑去吧？

也許是因為使用上較隨興，加上使用前無人教導，當媒介換成了Email或社群平臺，這些本來具有社會常識的人，就會忘了最基本的禮儀。在此提醒，認識新朋友不是在跟老朋友敘舊，還是應多注意禮貌。

製作簽名檔拓展人際的方法

Email的最下方記得要放簽名檔。所有Email服務平台一定都有可以事先編輯、儲存簽名檔的功能，設定完成就會自動附在信件尾端。請先製作一份簽名檔，之後有需要再做補充變更。

電子簽名檔要怎麼做呢？很簡單，至少要把傳統名片上會附的資訊放上去，這樣當別人想找你時，才能迅速查到地址電話等。Email服務都有搜尋功能，在搜尋欄輸入姓名，就能找到過去收發的郵件，並從尾端的簽名檔查到聯絡資訊。

〔姓名〕如果有字很難讀，請註明拼音或讀法。
〔所屬〕註明團體的正式名稱、部門、職位、地址、電話、傳真、網址等。
〔個人〕註明聯絡資訊，尤其是Email。必要的話，請一併列出手機號碼。

如果想用簽名檔拓展人際，還有其他資訊需要填入，如：名片沒寫到的補充資料、自己的夢想和志向（＝想要結交哪一類朋友）、NPO、興趣，以及所屬單位以外的參與活動……把有的通通寫上去，就能打開你的網緣。

〔未來的夢想志向〕一行就好，格式為十～二十字左右的標語。
〔個人情報發送站〕部落格、電子報、社群帳號等。請附上首頁網址。
〔工作以外的活動〕NPO、社團同好會使用的名字、職稱。請註上網頁。

以下介紹我自己的簽名檔。看到的第一眼可能稍嫌冗長、太像在推銷自

Email的簽名檔比名片更具說服力！

把日本才能製作的好東西送到全世界！獻給未來的孩子們。

久　米　信　行　nobu.kume@nifty.com　Profile>> http://bit.ly/kE1W3y
twitter＞@nobukume　facebook+YouTube＞nobukume

■□□■□□■ **久米纖維工業股份有限公司 董事會長** http://T-galaxy.com http://kume.jp/
■□□□□□■ 1935年創業 日本第一間國產T恤廠牌
■■□□□■■ ISO14001/可再生能源證書/有機棉
■■□□□■■ [彩色圓領] [樂系列] [北齋] [老字號] [3.11振興支援]

〒130-0012 東京都墨田區太平3-9-6　T:03-3625-4188　F:03-3625-2695

著作一覽　【amazon著作頁面】　http://amzn.to/ohUO9Z
連載專欄　【日經電腦［焦點］】　http://goo.gl/7XzLm
電子報　【めろんパン（哈密瓜麵包）緣尋奇妙】　http://goo.gl/iQFwJ

社長部落格　【經營者會報@會長日記】　http://kume.keikai.topblog.jp/
公益部落格　【明大商學院創業論講師】　http://blog.canpan.info/meiji_venture/

東京工商會議所 開發・創業支援委員／墨田分部 副會長（IT分科會）
觀光地區打造平台推進機構 理事　社）墨田區觀光協會 理事
新日本愛樂交響樂團 評議員　墨田區文化振興財團 評議員
日本財團 特）CANPAN中心理事 社會貢獻支援財團 評議員

簽名檔的製作重點

- 開頭第一行寫自介標語和人生期許。
- 不要只寫所屬單位，還要列出業務項目與長項。
- 註明郵遞區號、地址、電話、傳真、Email等聯絡方式。
- 不要只放公司網址，還要附上個人部落格或社群帳號連結。
- 如果有的話，請註明工作以外參與的活動及公職。

己，但請不用擔心，因為實際上會點進去看的人真的不多。即使如此，我們仍要為了可能感興趣的少數有緣人，盡量把資訊寫出來。

如果每次寫信都要「推銷自己」，讓你感到不自在，不妨在初次寄信時附上「詳細簽名檔」，之後使用「同名片資訊的簽名檔」即可。

幫助深交的自我介紹寫法

既然都成立了社群帳號，請把個人簡介當成面試履歷，認真對待。想要寫出讓人印象深刻、有意深入交流的個人檔案，需善用宣傳策略、用心編排。

〔現在〕用人人都能看懂的有趣方式，介紹自己現在的任職單位與職務內容。

〔過去〕用人人都會讚嘆的方式，介紹自己歷年來的工作績效與獲獎歷。

〔未來〕用志同道合者會產生共鳴的方式，介紹未來想實現的夢想、志向與生涯目標。

〔四緣〕用自己人才懂的專有名詞，介紹迄今的地緣、血緣、校緣和社緣。

自介欄等於「我的履歷表」

日本最初、也是最後的國產T恤廠牌，久米纖維工業（股）會長。
在北齋的故鄉＝東京老街向全世界呼喊：有些T恤只有日本才做得出來！

1963年生於東京墨田區。慶應義塾大學經濟學院畢業，曾接受平野絢子老師的指導，學習當時剛起步的中國經濟改革。

曾在Imagineer公司做過紅白機的股票遊戲，在日興證券開發過AI繼承項目諮詢系統，最後返鄉繼承家業，成爲國產T恤品牌第三代。

社）墨田區觀光協會 理事、東京工商會議所 開發・創業支援委員・墨田分部副會長、新日本愛樂交響樂團・墨田區文化振興財團 評議員，參與過東京晴空塔・墨田北齋美術館等東京老街觀光地區規劃，爲地區品牌管理效力。

生涯目標是活用網路振興個人・中小企業・NPO及地域活動。日本財團特設CANPAN中心理事、社會貢獻支援財團 評議員、明治大學商學院新創企業論講師，除此之外，也在全國各地舉辦演講及進修課程。

獲獎歷：日經Internet　Award「日本經濟新聞社獎」、關東經濟產業局「IT經營百大」最優秀獎，以及東京工商會議所「有勇氣經營大賞」特別獎。

APEC 2010中小企業高峰會的日本代表。

■著作
《馬上做的技術》、《做到底的技術》、《被認可的技術》、《BLOG道》、《商業MAIL道》、《工作與人生同時上手的人擁有的習慣》、《入社第三年的工作術》、《活出第一》等。（註：此處皆採直譯）

■喜歡的電影
忍無可忍、巨人、大路、蒙提・派森、一位陌生女子的來信、奇愛博士、甜蜜與卑微、羅生門、午夜牛郎、賓漢、怒祭戰友魂、巴西（妙想天開）、阿寅（男人眞命苦）、各種卓別林、大亨小傳、鋼之鍊金術師、各種寶可夢、El Topo（鼴鼠）、新天堂樂園、大智若魚、蟲師（後略）。

取自Facebook的基本檔案・詳細資訊　https://goo.gl/602YYY

〔網緣〕用專有名詞列舉可成為心房鑰匙的「喜愛的人×事×物」。

訣竅在於用吸睛的專有名詞、簡潔好懂的宣傳語，條列式地列出重點，避免寫成落落長的文章。與其在每一處詳細說明，不如搭配專有名詞＝心房鑰匙，寫成富有節奏感、簡單明瞭的句子。

此外，自介照和首頁照也是很重要的品牌形象，但意外地有不少人不放在心上。如果只想和要好的朋友私下交流，放寵物照或人物插圖是無妨；不過，如果是用來取代商業名片，請盡量放本人的微笑照片，整體感覺要符合工作形象。試想，好不容易用社群軟體發出了好友邀請，要是因為照片太可疑而遭拒，不是太可惜了嗎？

〔露臉照〕確實放上自己的露臉照。

〔微笑照〕自然的笑容勝過嚴肅的大頭照。

〔臨場感〕在工作現場拍攝，或是穿上工作服的照片。

〔有趣感〕不要太嚴肅死板，但也不要過於輕佻。

〔配色強〕縮成小頭像也看得清楚。

無論是文字還是照片，放上自介欄的資訊務必再三咀嚼。可以參考其他專家的作法，不時做升級調整。自介欄進化得越洗練，越能拓寬人際邊界。

五 成爲同時遞出兩、三種名片的人

「你在遞出公司或集團名片後，就沒戲唱了嗎？」
「不覺得能遞出工作＋志工＋興趣等多張名片的人很酷嗎？」

不用懷疑，人人都想認識的厲害行家，總是忙著與人交換名片，而且多數時候僅流於公事禮儀。無論他們想或不想，每天仍得面對許多相似、沒個性、擺出業務笑容的人。是的，他們對交換名片早已無感。想要這些大人物記住你的「名字長相」，簡直是難上加難。

我的工作性質常常需要與人碰面，上了年紀以後，我發現自己越來越難記住人名和長相。說來苦惱，當我終於累積了一點資歷、擁有自己的人脈，想要回饋年輕人時，才驚覺自己的記憶力已大不如前。

同時，我發現歷練豐富的行家只須看一眼，便知「此人和自己同不同調？值不值得深交？」。只圖自身利益的「利己者」，往往一眼就被他們看穿。

我這才明白，日理萬機的老練行家，每天光是排隊等見面的人就多到數不完。然而，他們的記憶力已經衰退，所以會在心中設定數字，只記住少數「需要記住的人」。他們已磨練出卓越的識人眼光，單方面的索討者會在一開始就被淘汰。

想要被老練的行家記住、得到他們的助力，是相當不容易的一件事。如果只是單純交換名片，不被記住才是常態。請認知到一點：普通的交換名片，只是為了自我滿足。

所以，我們要成為同時遞出兩、三張名片的人，留下強烈的第一印象。

每個月和我一起參加讀書會的經營者前輩兼心之友——我在前言提過的岩城股份有限公司負責人——岩城修先生就曾說過：「我會信任同時遞出公司名片和志工名片的人。」

工作用的名片＝為公司賺錢的營利名片。

志工用的名片＝為社會貢獻己力的名片。

岩城先生身為「東証一部上市公司」的大老闆，交換過的名片數量不是一般人可以想像的。同時，他也以NPO團體執行者的身分，積極參與本行以外的志工活動，在不同領域廣結益友。岩城先生既是在本行活躍的「營利者」，亦是利用空閒積極參與NPO活動的「非營利者」，大概是因為這樣，他格外厭惡「只想做生意的利己主義者」與「常嚷著時間寶貴、不願意奉獻社會的滿口抱怨者」。聽說，他甚至能一眼看穿人的本性。

志工活動乍聽有點難度，事實上，我們並不需要突然參加非常正式的NPO活動，每年報名一次地方節慶活動招募的志工，也是在為鄉土出一份力，還可透過地域性活動結識活躍於當地的男女老少及關鍵推手，從他們身上分得活力，認識形形色色的人物。

如果可以，在工作與社會貢獻之餘，我們還要多做一張宣揚興趣的名片！

興趣用的名片＝遠離組織社會，回歸本性的個人名片。

任何興趣都可以，把它大方寫在名片上吧！用喜愛的事物圖片及專有名詞組成的「心房鑰匙」，是最強大的結緣武器。

舉例來說，如果你的興趣是欣賞鐵道照片或花朵插畫，遞上一張附圖的名片，就能立刻製造話題；如果是書法或俳句，不妨將自己的自信作印在名片上。也有創意十足的人會準備數十種不同圖片的名片，請對方挑一張自己喜歡的。

假設你的興趣是電影、音樂、繪畫鑑賞或是閱讀，不妨將心中精選

ＢＥＳＴ　10的名畫或名曲寫在名片上，裡面若有對方也喜歡的，就會產生共鳴、喜出望外；即便是沒聽過的作品，也可作為下次的選擇參考。

不懂藝術文化也沒關係，你總會上街尋找美食吧？像是拉麵、蕎麥麵、咖哩飯、泡芙之類的平民美食，任誰都能以便宜的價格開心享用，既容易遇見同好，也不像高級料理，雙方會產生比較心理。

先做一張以「街頭美食」為主題的名片，幫自己想個頭銜吧！哪怕是「漢堡排探險隊長」、「布丁學會研究員」都可以！請去自家或公司附近，以及時常因公拜訪、因為興趣前往的街區逛一逛，發掘自己的口袋名單。請一手拿著美食導覽，或是參考手機上的美食部落客介紹，從最有名的店開始踩點，就能輕鬆找到喜歡的店。

請踩一百間、兩百間店，通通吃過一輪之後，精挑出自己的口袋名單。把精選出來的「我的愛店ＢＥＳＴ　10」寫在名片上，相信收到的人都會很開心。

六 認識後立刻用手機保持聯繫

「今天剛認識一位專家，你會立刻和他交換社群帳號嗎？」
「你會當天就在社群上發文，與對方共享見面的感動嗎？」

好不容易和景仰的人物見了面，結果雙方僅止於「交換過名片」的關係，簡直太浪費了！請務必拿起手機，確實和對方交換聯繫方式，締結新的「網緣」。如果只是每年寄送制式化的賀年卡和暑期問候，逢年過節送上禮盒，一年見個一、兩次面，禮貌上地點點頭，你在對方的心裡，永遠是「臉和名字兜不起來」的陌生人。所以，我們要確實和對方交換社群帳號，每天上去滑一下、點個讚、留個言，這麼做可比偶爾見面、點頭要有用多了！雙方能夠愉快自然地交流，感情當然也會變好。

用手機交換聯繫方式，最重要的是開頭的一句話。會面之前，請先上網搜尋對方有無社群帳號。現在連長輩也愛用社交軟體，找到的機率應該相當高。等你們實際見面、暢談過後，離開前記得這樣問：

「我可以在Facebook上向朋友介紹您今日分享的內容嗎？」

「方便讓我在twitter上宣傳貴公司的新商品嗎？」

只要有禮貌地徵詢同意，一般來說都不會有人排斥（但請留意，如果想放「見面的紀念合照」，不喜歡露臉的人可能會拒絕）。

接下來請這樣問：「我也有在用Facebook（或twitter），方便加您好友嗎？」多數時候，對方都會樂意當場和你互加好友。

見面之後，記得當面互加好友、保持聯繫，這麼做的好處有：

- 和一見如故的新朋友進一步交換網路聯繫方式，能感覺到真心。

遇到想認真結交的朋友，「見面之後立刻用手機保持友誼」。

見面時實踐的三件事

交換名片後的五分鐘，用三組關鍵字打通彼此的心。

1 尋找迴盪在心中的「名言」。把今日見面印象最深的一句話記下來

例）對方最熱切、眼神最閃閃發亮訴說的話語。這同時也是「最貼近對方核心理念的提問」！

2 拍下耀眼的「照片」。 拍下今日見面最吸引你的人、事、物

例）展演空間、接待室。公司的經營理念、經營方針。親手製作的繪圖、書法、照片。大推的自家產品、愛用品。

3 交換社群網路「帳號」。 當場核對帳號、加好友

例）我可以跟朋友分享今天的照片，以及您所談到的內容嗎？
是這個頭像，對嗎？

↓

見面之後立刻開始當網友

對日常發文「按讚」＞自主宣傳＞再次見面

NET確認×每天

部落格　電子報
社群帳號　官方網頁

→

留言＋分享

My部落格　My電子報
My社群帳號　My官方網頁

→

參加活動

演講　讀書會
展覽會　工作坊

- 同名同姓的帳號太多了，當面確認「是這個頭像嗎？」就不怕搞錯。
- 先說聲「發文之後會通知您」，之後便能自然地傳訊息道謝。
- 雙方可在見面的文章下方留言，拉近彼此的距離。

但是，並不是在社群上互加「好友」，彼此就真的成為好朋友。要說的話，比較接近「從來沒說過話的同班同學」。

想要在社群上拉近距離，有一套簡單有效的「方法」。

- 定期（一週一次，可以的話最好每天）瀏覽行家發的文章。
- 看到印象深刻的文章記得「按讚」，適度「留言」交流。
- 與其追捧工商文，不如多對私人興趣的文章表達共鳴並「留言」。
- 看到宣傳新活動和新商品的文章時，幫忙「轉貼」分享。
- 受邀參加活動時，時間許可立刻報名。

託各位之福，我在Facebook上擁有超過四千位好友，但是會遵循這套方法，頻繁對我發的文章表達共鳴、彼此心靈相通的朋友不到一成。奇妙的是，我們能在網路上交到的知己，跟現實生活的好友數目一樣，最多就是兩百人左右。

養成用手機維持友誼的習慣，便能不限時間、不限地點，自由自在地拓展人際。舉個例子，我因為日本觀光振興協會的公務，前往佐賀縣唐津市視察時，在當地的米其林一星餐廳「CARVAAN」享用了豐盛的午餐，還跟吧檯裡的主廚兼老闆河上彰範先生大聊特聊，互相加了Facebook好友才離開。

當晚，我在飯店發文，用Facebook介紹他們家美味的牛排。隔天，我拜會了市公所人員，這個人也是河上先生的舊識，我搜尋到他的個人頁面，與他成為臉友。兩人讀了我發的文章後，紛紛傳來訊息，三人瞬間拉近了距離。

接下來的三天，我在唐津與許多重要人士交換名片，同時也和他們成為「臉友」。每次我都會發文介紹這些人的魅力，不知不覺間，我便打入唐津的重要社交圈。即使人生地不熟，我依然成功用手機打開人際。

七 大聲說出此生的夢想與十年後的目標

「我願意花一輩子實現◎◎夢想！」

「十年後，我想成為天職○○裡的佼佼者，實現△△！」

自我介紹時發下狂言訴說夢想的人，通常不太被當成一回事。我認為，這恐怕是日本人謙虛的美德作祟所致。除此之外，單槍匹馬衝過頭、太過引人注目，也容易招致同儕冷落，甚至遭到排擠……每次遇到這種不合理的情形，目睹其他人被犧牲，想必大家心裡都不好受。

沒錯，在人前訴說夢想需要勇氣。但是，當你持續說出五次、十次以後，這件事就會自然成為你的風格，不再有人感到奇怪了，很奇妙吧？

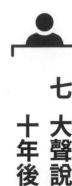

凡事都有第一步，如何豁出去在人前「訴說夢想」？我在此整理了一套心得，謹守這些訣竅，就能慢慢成為大方說出夢想的人。

注意點1　多跟年長、社會地位較高的人訴說夢想。

缺乏夢想者，往往會瞧不起大聲逐夢者……說得直接點，這些人正是不需要納入行家名片簿的九成人（但是，我們千萬不能看輕這些人，嘲笑別人不同的生存方式，只會降低你的格調。）

相對地，一成的成功人士從年輕便喜愛暢談夢想，因此受盡人情冷暖，他們懂你的苦。正因為他們勇於逐夢，現在才能成就一番大事。這些前輩通常也樂意支持大方逐夢者。

面對成功的前輩切勿慌張，無論你的夢想有多偉大、現在有多麼青澀，都不需要擔心。看在過來人的眼裡，年輕時候的夢想與現實有落差很正常，並不構成問題，他們甚至期待見到年輕人「擁抱更遠大的夢想」。因此，請放下包袱，滿懷熱血地說出夢想，期待獲得前輩的支持吧！

注意點2 不用擔心別人注視，善用網路仔細書寫，寫出你的夢想。

有不少人在暢談夢想之前，率先碰到的問題是害怕在人前說話。如果你有「害怕上台症候群」，我更推薦你使用Email、發訊息、部落格及社群網路作為媒介，慢慢描述你夢想，不用害怕被人盯著看。

第一步很簡單，從填寫自介欄開始吧！等你累積了人脈和資歷，夢想也會隨之進化，可隨時按照需求重新編寫。

除此之外，我們也能善用日常發文，輕鬆自在地持續訴說夢想。平時多寫自己喜歡的東西、推薦別人嘗試的事物，以及自己景仰的對象吧！這些都能在你提到夢想時派上用場。

舉例來說，介紹熱愛的事物時，可以添上這樣一句話：「總有一天，我也想做出自己的代表作、舉辦類似的活動、成為頂尖人士。」想成為設計師的人可以說「我想做出超越它的設計」；想成為廚師的人可以說「我想做出更美味的醬汁」，以此類推。這些小小的成功體驗，能為你帶來自信，漸漸地，你就能大方說出夢想了。

經過了一番練習，如今我也能敞開心房，對著見面就會緊張的大人物訴說夢想了！開口時，我能感覺到對方神情一變、認真地注視我，不時用話語鼓勵我，並給出有用的建議。在網路上和讀書會上也是，我一再受到貴人導師的指導。

如果你不擅長在人前說話，就用網路大聲說出將來的夢想、暢談喜愛的事物吧！相信會容易許多。即便一開始沒收到反應，等你累積了一點「讚」和「留言」，自然會有人來「申請好友」，慢慢地拓展交友圈。持續做下去，你一定會遇見志同道合的夥伴。

我實際請明治大學的學生及公司裡的年輕員工持續做這個小小的測試，久而久之，他們無論面對誰，都能抬頭挺胸地說出夢想了。

八 隨時隨地丟出「沒人想到的創意點子」

「你曾在開會時丟出一句話，讓所有人回頭嗎？」
「你曾在網路上對非專業領域的事情提出意見，獲得許多『讚』嗎？」

開會及面談時，許多人喜歡頭低低的，不想被叫起來發言。遺憾的是，社會上絕大多數人，都是採取這種消極的態度。你應該看過那些即使被點名，也會因為顧慮客戶和上司的心情，不敢說出真心話，「只敢應聲附和」的人吧？

但是，連開會及面談都要行使「緘默權」，實在太浪費了！這就像是好不容易升上一軍、站上打席，最後卻站著被三振。就算是代打，沒有努力在教練心中留下印象，下次可能就沒上場機會了。

在會議和面談中保持沉默的人（＝一球也沒出棒），多半具有「認為此時自己不該發言」的特質。他們總是在意著別人的感受和發言順序，使自己越來越沒自信，陷入「我不懂這一塊、經驗也不足，完全派不上用場」的自卑情結；更甚者會想「反正會議結果早已注定」，從開會前便開始擺爛。

你不認為這樣很可惜嗎？

想像一下，假設你是一位想要突破現狀的領導者兼會議主持人。要你參加一場沒人願意積極發表意見的會議，應該很難受吧？你能信賴這些消極、缺乏冒險心、總是被先例牽著鼻子走的組員嗎？如果你的公司裡，全是這種只會看會議風向與上司臉色「同聲附和」的員工，你會怎麼想？

身為一位領導者，我反而會警戒「附和型員工」，並且下意識地覺得這些「應聲蟲」會在背地裡說我的壞話。再者，倘若一個組織裡全是消極擺爛的員工，腦子裡只想維持現狀、明哲保身，這個組織遲早會衰退。

反過來想，正因為現代充斥太多「會議應聲蟲」，一個有主見的人才想要被老闆看見，其實並不難。

首先，請從「率先提問」和「勇敢發言」開始做起。當會議主持人說「有問題和意見請提出」時，現場常常會有一秒的沉默，你可以把握時機，當第一個舉手發言的人。

第二個「大好時機」是會議停滯時——是的，就是席間無人開口、尷尬的沉默降臨時。無論是什麼意見，只要你有打破沉默的勇氣，在窒息的氣氛下都顯得格外耀眼。

會議上，我們還要替領導者指出盲點。越是經驗豐富的年長者，越容易被過去的成敗因素與業界常規限制視野，加上前線人員的抱怨傳不進耳裡，導致他們容易判斷失準。此時不妨提供顧客最直接的意見回饋，以及其他領域都在做的全新嘗試，相信一位優秀的領導者，會樂意聆聽員工的勸諫。

此外，腦中浮現任何創意時，練習在網路上即時寫下，並且保持這樣的日常習慣。練習用一行字分享你所關注的新聞報導，記得要「逆風」，切勿盲從社論和時事評論家的分析。先放下成見，豁出去來個逆風發言，藉此培養語出驚人的表達力！

看見感興趣的熱門景點、流行商品或好玩的活動，不要猶豫、趕快去體驗一下，和大家分享你的觀點吧。主動當第一位嘗鮮者，思考如何簡潔有力地傳達東西好在哪、還有哪裡可以改良。

介紹自家產品和服務時，試著加入行銷、廣告部同事沒想到的宣傳詞。找出行銷資料上沒寫的優點及活用法，用自己的風格發文分享，接受許多「讚」吧。

日日鍛鍊這些小技巧，就能成為常常「靈光一閃」、能夠對外分享自己獨到見解的人。

九　當一個「主動的推手」吧

「你曾幫老主顧做宣傳，收到對方開心道謝嗎？」
「你曾主動幫有緣人推廣產品和服務，還真的賣出東西嗎？」

每次偶然在網路上看見有人介紹我們家的T恤，我都會真真切切地感受到緣分的力量。除了T恤，還有我寫的書。明明沒有特別拜託大家幫忙打書，我卻看見我的朋友，甚至是完全不認識的陌生人，在網路上分享我的拙作。目睹的剎那，彷彿有暖流流過心底，格外感動。在我心裡，會主動「幫我推一把」的朋友，總是占有特別的一席之地。

消費者為何要刻意花時間幫業者做口碑呢？

我自己也常常「擅自幫別人宣傳推廣」，用一句話來說明，我想是因為「這麼做自己也會很幸福」吧？

世界上最快樂的事，莫過於不計得失、盡情對喜歡的朋友介紹自己喜愛的人事物！朋友覺得有所收穫，就會來留言道謝；有時相關業者或本人（經營者、生產者、廚師、藝人等）也會看見貼文，特地來打招呼說聲謝謝。

這種幸福只要品嚐過一次就欲罷不能，原因不用我贅述吧？

我想，人的心裡都潛藏著一種「本能」：面對喜愛的事物「獨樂樂不如眾樂樂」；以及要對「製作者」和「推手」表達謝意。

我身邊的良師益友，不約而同全是善於發掘「好物」的高手。此外，他們也是「自動自發的超級推手」，非常喜歡照顧別人。

我也想效法這些一流人士，不計得失和利害關係，成為一個「好東西當然要推」的給予者，與這些人真正地交心、結下良緣。

在此分享「成為主動的推手」有什麼需要注意的點。

在網路上當一位分享者，請留意以下「眉角」：發文時仔細安排三種主題——「熱心幫宣」、「介紹本行」、「分享個人興趣和快樂瞬間」的出現比例，採用最佳平衡的「三分法原則」！如果每次發文都是在幫自己打廣告，會非常惹人嫌；話雖如此，如果只發個人興趣、因而怠忽了自己的本行，也會給人一種不夠專業、不務正業的印象。這時候，適度替自己尊敬的有緣人「自主宣傳」，剛好可以有效取得平衡。如此一來，讀者覺得追蹤你的帳號可以得到收穫，被介紹的有緣人也會很感謝你，並且帶你打入他們的圈子裡。

想要有效率地寫出一篇介紹文，需要下點工夫。

首先，一篇介紹文裡最重要的是「照片」和「影片」。一張令人印象深刻的照片，或是一分鐘的有趣短影音，效果遠勝洋洋灑灑的一百行文字。漂亮的商品、美味的料理、愉快的空間……出去的時候，請多拍攝一些讓人光看就「好想買、好想去、好想吃」的照片和影片吧。

第二點，想一句令人心動的標題或宣傳句，這句話要比落落長的內文更短、更吸睛。想出一句不輸給電車廣告和車站海報的句子，為照片加上註解吧。

內文裡最重要的一句話是你真實的心情，簡單來說，就是從商品和活動體驗到的喜怒哀樂。比起邏輯分析，更重要的是表達心情，譬如自己有多想買、忍不住笑出來，或是忍不住哭出來等等……把感受化作心情，原原本本地表達出來。

詳細的商品資訊不用特別寫出來，在文章底下加上一條相關網址就行了，讓感興趣的人自己去找。

當然，「當一個主動的推手」最重要的心得就是專注於介紹「自己真的好喜歡、想用力大讚」的東西，而不是當一個尖酸刻薄的批評者。「稱讚自己真心喜歡的人事物，獲得稱讚的相關人士也很開心」才是在網路上拓展良緣的基本法則。有不少人喜歡當一個高高在上的評論者，老實說，這樣只會招人怨恨。

但請注意，即便是自己喜歡的東西，從頭稱讚到尾也無法取信於人，請在真心推薦後，附贈「如果這樣可以更好」的貼心提案。設計包裝、行銷策略……任何提案都可以，一間認真負責的公司，都樂於傾聽消費者的意見回饋，也許下次你的提案就會被採用。

還有，發文之後，記得通知官方廠商或代理，將敬愛的心情與提案如實轉達。如果嘔心瀝血寫了報導，別忘了寄一份到對方的官方信箱，或是向官方社群帳號發出好友邀請，傳訊打招呼、附上連結網址。

當一個「主動的推手」有什麼需要留意的呢？

文章採用「三分法」保持最佳平衡

稱讚發自內心喜歡的人事物！

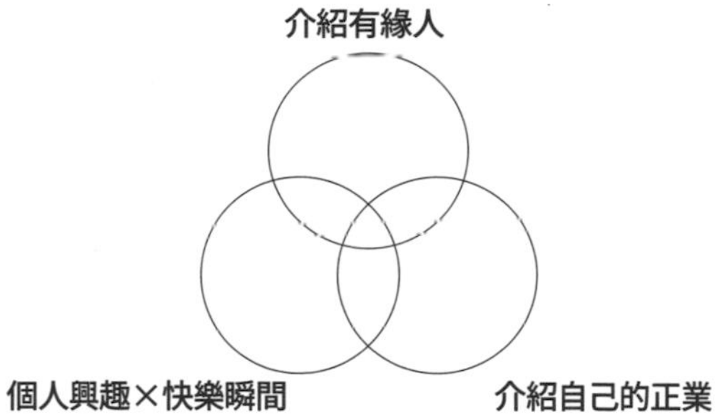

↓

介紹文的寫法　七個基本配備

文字越少　→　傳達力道越強

1. 標題　搜尋關鍵字與吸睛標題。
2. 照片　一張照片勝過寫一百行。
3. 序文　開頭幾行用5W1H（註）傳達概要。
4. 正文　實際體驗的感想，用喜怒哀樂來表現。
5. 提案　「如果這樣會更好」的個人提案。
6. 結論　方便購買及前往的連結網址。
7. 署名　標示自己的名字、聯絡方式及相關網站。

註：Who、What、Where、When、Why、How。

懂得發掘日常的美好、熱愛「好康道相報」的人，也會受到廣大的網友歡迎，同時為自己建立口碑，今後將與更多生命中的貴人相遇。

體之章

培育貴人運的技術

當一個「不受框架限制」、令人驚喜連連的人

「你的工作不是◎◎嗎？怎麼連□□也很熟呢？」
「你不是△△人嗎？怎麼也去過●●呢？」

我得遺憾地告訴你，人類是一種容易被「過去的經驗」限制視野的動物。當我們的人生歷練越豐富、見識越廣闊，越容易自以為是地設想「那種類型的人就是怎樣怎樣」，搬出過去的經驗，擅自替別人貼上分類標籤、打上分數。

說來可恥，我的生活常需要與人碰面，明知這樣不好，我卻時常下意識地把人「分門別類」，藉此幫助記憶。這同時也為我自己帶來困擾，比方說，如

果眼前的人看起來「類型很普通」，我可能會因此喪失興趣。

有鑑於此，年輕人想要被社會歷練豐富的大人物記住，勢必得看來「有點特別」，成為一個「不受框架限制」、令人驚喜連連的人。

這件事說來容易，做來不易。因為，把我們變成「某個類型」的元凶，往往就是「我們自己」。依照過去培養的思維和行動準則來生活，比探索全新的自己要來得輕鬆、容易多了，也因此，人們常把自己「套進某個類型裡」。

人會下意識地受到出生地、家庭、學校、職場的「風氣」影響，為了生存而變化成同一種模樣。加上你的家人、老師、朋友、主管和同事會一再地告訴你——「你就是什麼樣子」，久而久之，連你也以為自己就是「◎◎型人」。

待在熟悉的環境、與同樣類型的人相處，日子固然有點封閉、缺乏新意，一方面也能帶來安心感，一不小心，人就會依賴起舒適圈，習慣做自己分內的工作，回過神來，就變成「固定的模樣」了。

但是，其實只要有意為之，人人都能創造出「另一個人格」。稍微接觸移居國外的日本人，或是移居日本的外國人就能發現，在一個地方住久了，人的思考方式、行動模式，甚至是動作表情，都會變得跟當地人一樣，真的相當奇妙！

我認識不少住日本的外國人朋友，都比日本人還像日本人。

移居國外不是一件容易的事，但是，我們可以走出舒適圈，去參加不同類型的活動，也能得到相同的效果。

以我自己為例，我是東京老街區出生的小孩，但高中、大學讀的是靠山的高級私立學校，因而認識了許多類型截然不同的朋友和學長姊。我一面訝異於「同樣是東京人，彼此的生活型態竟如此不同」，一面漸漸適應了不同的文化。我在嚮往山區清幽生活的同時，也再次體會到庶民老街區的活力與美好，因此消除了自卑感，也不再對其他東京人存有偏見。我很感謝自己從小便接觸到不同的文化，現在才能自在地跟任何人相處。

聽說擁有兩個祖國的朋友，在嚮往日本的生活、在此落腳的同時，也會加深對故鄉的理解與愛。明明當初是因為不喜歡祖國才來到異地，在嚮往的異地待久了，反而會愛上原本的故鄉，這是一種有趣的「悖論」。

由此可見，人在離開熟悉的鄉土、遇見「另一個自己」後，也會重新愛上「原本的自己」。在轉化的過程裡，觀看事物的一把尺會消失，變成很多把尺，你將獲得廣闊的視野來觀看世界。大膽跳進你之前不敢想像的「異溫層」吧，你會漸漸變得能夠用更全面的角度來予以同理。

如果你想來個異溫層大冒險，以下是我在挑選社群上給予的建議：請盡量選①沒有同齡人；②沒有同鄉人；③沒有同校人；④沒有同行同業人；⑤沒有同道中人……諸如此類，能讓你完全跳脫舒適圈的社群加入吧。

待起來越不自在的圈子，越有機會遇見不同以往的自己。

回想起來，我在二十幾歲時曾接觸過這些活動：在Imagineer擔任遊戲設計師的時代參加過自我啟發講座、地球環保議題讀書會；在日興證券開發ＡＩ系統的時代參加過坐禪會和吟詩社等。這些活動沒一個是我本來喜歡的，全是被前輩硬是拖去參加。儘管本來毫無興趣，奇妙的是，持續參加了三年，我竟然變得全都喜歡，本來不擅長的事情也慢慢進步、變得駕輕就熟。回過神來，我發現自己多了許多新朋友、認識了志同道合的新夥伴，世界變得不一樣了！

從ＩＴ產業跳去做證券的我，一個不小心，也許就會變成數位思考的個人主義加功利主義者。多虧了前輩們的熱心拉攏，才讓我培養了宗教、哲學和古典素養，有機會跟傳統派的大前輩們切磋交流。

二 找出十位人生導師，與其結緣

「你有『未來想跟他一樣』的人生導師嗎？」
「有老師相當看好你的潛能，願意用力地鞭策你嗎？」

我敢說，人生的成功與否，有很大一部分取決於「有沒有遇到好老師（導師）」，這絕非誇飾。

我能成為現在的模樣，很多地方都要感謝我的老師。

因此，我在明治大學的課堂上，會請全班同學在上課前齊聲高喊口號：「成為一個特別的人，找到人生導師及重要夥伴，獲得他們的認同！」同樣地，我也強烈推薦自營者和公務員都去「找出十位導師」。

職場、經濟、科技、音樂、電影、運動、美食、健康、育兒……任何主題都好，在自己想鑽研的領域各挑一位想要學習的榜樣，一共十人。平時多聆聽老師說話、閱讀老師分享的新知文章，便能增廣人生見聞。

以登山來比喻人生，我心中的理想導師不是待在安全的山麓指導登山技術的教練，而是以登頂為目標、窮盡一生身體力行的登山家。他們永遠「待在前線」，我可以追隨他們的背影，一同向上攀爬。

多數時候，你必須親自走訪才能拜會這些「老師」，他們通常不在你擁有的名片簿裡，而且要耗費數年才能找到，請從年輕時便多加留意吧。

人生導師不能只有專業素養，品德也很重要，以下分享幾個值得觀察的特質：

● 尋找人老心未老、即使上了年紀，心靈依舊年輕有朝氣的老師吧。一位好老師無論幾歲都能保持行動力及活力，擁有不輸新鮮人的年輕靈魂，跟他們相處就能獲得能量，漸漸變得積極正向、勇於冒險犯難。

- 尋找上知天文下知地理，仍對萬物充滿好奇心、眼睛會閃閃發亮的老師吧。一位好老師不僅要熟悉自己的專業，對其他領域也多有涉獵。他們不會假裝自己什麼都懂，看見新事物會眼睛一亮，忍不住要親身嘗試。
- 尋找能在神聖的場域探究真善美，也能在俗世與大家同歡的老師吧。一位好老師既能在神聖的職場持續磨練獨特的價值觀與美意識，同時也能親切地打入與自己身處的世界截然不同的庶民圈。
- 尋找手上擁有許多徒弟、組織裡不缺人手，仍願意親臨現場、事必躬親的老師吧。一位好老師必然長年受人愛戴，卻不會關進自己的象牙塔，他們喜歡去前線挑戰新事物，也樂意揮汗當個打雜工。
- 尋找既能激勵人心，也能在你走錯路時嚴厲指責的老師吧。一位好老師樂意對青澀、有毅力的年輕人們敞開大門，也能在他們學會幾招、變得心高氣傲時即時提醒，給予當頭棒喝。

● 尋找不厭惡被人嘲笑，但自己不僅不會嘲笑別人、還會尊敬特立獨行者的老師吧。所謂老師，往往能夠洞察先機，有時難免被視作怪咖。但是，他們非但不會放在心上，還會格外珍惜這些怪咖。

● 尋找有能力獨自收集資訊、得出獨到的見解，但也重視人情和直覺的老師吧。一位好老師往往能從各行各業的專家手中獲得一線情報，用敏銳的直覺歸納出獨到的理論。同時，他們也樂意在挑戰新事物時，積極與其他不同類型的新夥伴合作。

不用我多說，發現了心中嚮往的老師後，請多多閱讀、聆聽其著作或是演講。有機會的話，一定要跟老師及少數弟子對談，如果能單獨談話當然更好。和老師相處時，請熟記他的舉手投足，藉由學習＝模仿來接近理想的模樣。

一位好老師的底下通常也是人才輩出，你可以從中發掘新老師與新夥伴。

比方說，我是因為前面提過的「@nifty」前常務董事中村明先生，才認識了同

尋找人生導師的七步驟

1. 決定自己想鑽研的主題。

↓

2. 找出十本相關主題的書。

↓

3. 從中發掘印象深刻的作者，找三本著作來讀。

↓

4. 在網路上介紹作者的書籍，寫下自己的心得。

↓

5. 先詳讀作者的網站，接著寫信向他道謝。

↓

6. 用社群平台互加好友，從觀察日常開始學習。

↓

7. 有讀書會和演講請務必參加，和他打聲招呼。

一間公司的前常務董事京增弘志先生，接著又在京增先生的邀請下參加了讀書會，因而結識了數位媒體研究所所長橘川幸夫先生，進而和他拜師學藝。

此外，我亦在同研究所的主任研究員龜田武嗣先生的介紹下，認識了資訊化經濟中心的前理事長日下公人先生，並且進一步結識了日本財團會長笹川陽平先生。

回過神來，我在老師的引薦下，又認識了新的老師，得幸邂逅了人生中的無數貴人。

三 遠離逃避責任的「棄業家」，結交樂於挑戰的「喜業家」

「你會大膽投入未知的工作嗎？還是會迅速逃跑呢？」
「你身邊有認識成功開創新事業的企業家嗎？」

假設眼前有棘手的問題浮上檯面，必須有人留下來收拾善後，這時你會怎麼做呢？

多數領導人在尋找企業夥伴和接班人時，最重視的不是身家背景和學經歷，而是當狀況發生時，這個人會在第一時間逃跑嗎？還是會頭一個跳出來扛責任、有始有終地處理善後？因為，這些大老闆比誰都清楚，從小受到家庭環境保護的菁英分子，遇到危急時刻反而容易靠不住。

我之前出版的拙作《超行動力》（「すぐやる！」技術）與《做到底的技術》（「やり抜く！」技術）能受到廣大讀者的喜愛，有許多人想買回家參考，就是因為「決定前先行動」與「持續失敗到成功為止」不是一件容易的事。

遺憾的是，在現在的日本社會，傾向避開風險、不願意挑戰新事物的年輕人與日俱增，實屬一種必然的現象。試想，同樣是日本人，在戰火中度過青春時代、從遍地焦土開始重建的上一代，與生長於和平的時代、物資相對豐沛的新一代，成長環境畢竟是不一樣的。

剛好夾在兩個世代中間的我，觀察後的感觸是——「年輕世代雖然享有較豐沛的物資，但是反而很可憐」。時空背景的不同，使戰後興起的美德和目標，如：「為了活命只能賭一把」、「因為沒有，所以自己開創」、「把貧瘠的土地變豐沛吧」等理念隨之消亡。

更加遺憾的是，如今中小、微型企業的數量已不如從前多見，能作為範本的大人也變少了。以我自己為例，我從小在中小企業的集散地——東京都墨田區，以一位自營業者兒子的身分，在家看著經商的父親背影長大，有時也會看見父親義無反顧地挑戰、失敗。

但是，我永遠不會忘記父親實現夢想時的笑臉，看起來有多麼幸福驕傲。父親勇往直前的人生觀影響了我，使我培養出不畏挑戰的企業家精神。

因此，我在明治大學的課堂上，特別邀請有理念的企業家和組織內部的革新者當特別嘉賓，讓學生實際感受什麼叫「大人的活力」，希望他們的勇氣、活力與積極挑戰新事物的精神，可以感染給年輕學子。當值得仿效的範本＝人生導師出現在自己面前，個性直率的學生也會受到影響，把正能量傳遞出去。

我把這些樂於創業的企業家稱作「喜業家」，他們總是具有滿滿的朝氣，在認識、相處的過程裡，我會慢慢受到感染，進而影響思考和行為模式，使自己更加積極努力。

這些變化在一般人眼裡或許不曾留意，但是看在導師等內行人眼裡，光是語氣和眼神就完全不同。

你可能會想，與值得尊敬的企業家導師見面交流，是可遇不可求的事情，但我認為，無論你的身分是學生還是上班族，「只要有心就遇得到」。

舉例來說，你可以參加地方政府和工商團體主辦的免費講座。我常常到日本各地舉辦演講，但更多時候是受邀參加地方公家機關主辦的公開講座，這些活動大多是免費的，只要上網搜尋一下、註冊會員，就能定期收到活動資訊。除此之外，也能多翻翻雜誌、上網尋覓喜愛的企業家，實際去參加他們的演講和讀書會。不要忘了，商業雜誌上也有大量的企業家採訪報導，上網就能找到他們的著作和部落格，只要有誠意地寫封信，便能獲得演講資訊。

此外，參加導師擔任講者的讀書會及相關活動，也能認識其他一流人士。不用說，許多一流人士同台出席的講座和座談會，是最適合發掘優秀導師的地方。請跟導師一同參加活動，就能在現場被介紹給其他人認識。

如果你正在尋找十位人生導師，建議從企業家或ＮＰＯ發起人當中挑選，記得行業、規模、個性要分散。請在不同領域發掘不畏風險、勇於挑戰的企業家，學習他們積極的人生觀。

從模仿導師的人生態度開始做起，有一天，你會發覺自己煥然一新、跟崇敬的導師越來越相似。到了這個階段，你的言談和行動力將會吸引更多導師注意到你。

四 不用害怕被嘲笑，多培養宅興趣，與怪咖為友

「你擁有能帶來小確幸的特殊興趣嗎？」
「你擁有數量稀少但能分享興趣的宅宅夥伴嗎？」

御宅族是二十一世紀日本的救星，我是這樣認為的。就算少子高齡化問題持續加劇，只要多數日本人能培養、鑽研自己的宅興趣，一樣能為生活帶來樂趣，引領世界前進。

無論別人怎麼說，我都相信日本創造的「御宅族革命」可以改變全世界。

當然，我有我的根據，原因如下：

- 我所尊敬的每一位導師，都在工作之餘兼顧了數個宅興趣。

●包含我在內，御宅族的身分認同帶來幸福感，並將潛力最大化。
●在世界均一化×簡化的浪潮中，御宅族肩負起多樣化×深化之責。
●明白有錢也買不到幸福的新興國家，紛紛向日本御宅族尋求解答。
●只有御宅族完成我在明大出的「持續一年宣揚喜愛事物」的作業。

只是，我所說的御宅族，並非喜歡動畫、遊戲、偶像的狹義御宅族（狹義的酷日本（註：Cool Japan，以動漫、料理、J-POP等流行文化產品的輸出挽救日本經濟的外交政策））。廣義的御宅族並非社會流行現象，而是日本自古以來便有的職人精神與商業精神。走遍傳統老鋪和尖端工廠，都能看見擁有御宅族精神的超強職人。無論是追求美味的農家、料理人，或是企業裡的頂尖業務，這些一流人士都擁有御宅族的靈魂。

簡單來說，所謂的御宅族，是能貫徹自我「道路」，用著「異於常人的熱情」向前邁進，把「研究愛好的事物即為人生目標」的精神融入日常生活中的那群人。面對自己的所愛，御宅族的字典裡沒有「反正都差不多」的妥協，更不打算「符合國際標準就好」，他們看見的是自己的「美學」與「道路」，有時也難免被大眾嘲笑「不需要做到這種地步吧」，或是覺得「這個人瘋了」。

但是，無論別人說什麼，御宅族都能不為所動。因為他們深深明白，「真正的幸福」是堅定地追求熱愛的事物，感受那瞬間造訪的「永久恍惚感＝心流狀態」。

反過來說，瞧不起御宅族的人＝不曾認真投注心力在一件事物上＝終其一生都不曾進入心流狀態，這反而是很可惜的。

無論在任何工作領域，只要發揮御宅族精神，對「美學」與「道路」擁有堅持，持續鑽研十年以上，一定會在某個時刻體驗心流狀態。但是，人生畢竟只有一回，把全副心神灌注在工作上未免太浪費。因此，我們還需要開發不受過去和現狀束縛的新領域。

比較好的做法是將目標分散在三種領域：一、維持生計的工作＝本行御宅族；二、自己想做的工作＝興趣御宅族；三、不惜付出金錢也想為世界做的工作＝社會貢獻御宅族。如此一來，不但能豐富人生，還能成為一次遞出三種名片、擁有多把心房鑰匙的人脈富翁。

建議正要開始培養興趣的讀者，從門檻低的興趣下手，原則如下：①可以利用每天的空檔來進行；②可以在任何空間進行；③可以獨自進行；④不需要工具，或是工具可隨身攜帶；⑤不需要花錢……等。

或者：⑥會被其他人嘲笑「這是在幹嘛？」的奇特興趣，如果是便於用手機拍照上傳的主題更好。

如同我之前舉辦過的「電線桿俱樂部」、「電燈俱樂部」等例子，我每天會利用移動時間發掘漂亮的「電線桿」和「電燈」，拍照上傳到網路上分享，你也可以當個「熱愛人孔蓋的女子」或是「熱愛街頭看板的男子」，任何主題都沒問題。比方說，我認識一位擅長把河邊的石頭疊成美麗「石花（註：日式堆石頭平衡藝術創作）」的朋友，他的網名叫做「chitoku」，平時一邊從事本行，一邊利用閒暇宣揚「石花」之美，還上過幾次電視節目。「chitoku」會被大眾認識，就是因為其堆疊石頭的帥氣身影與美麗作品的影片，在網路上被人瘋傳。

選定一個主題，堅定地走向御宅族的「道路」，就能結識通往成功與幸福不可或缺的「重要人脈」。達人（御宅族）喜歡親近同類，即便不是在商場上認識，和達人暢談夢想，也能為你帶來意想不到的好運。

我這麼說吧，鑽研御宅之路是一種對知性與感性的磨練，當你的直覺和感性獲得提升，就能贏得導師和戰友的認同，幫助你接近夢想。

五 用工作×家庭×自己的生活平衡來培育良緣

「你是否因為忙於工作，失去與家人的對話時間？」
「你是否因為過於投入家庭，失去了自己本來的興趣？」

每個月，我都會參加一場特別的讀書會。這樣的活動已持續超過十年，讀書會上沒有導師，沒有邀請講師，只有年齡世代、企業規模、職業種類和性別各不相同的八位經營者，在場互相傾吐煩惱、一同尋求解決方案。

加入讀書會的契機要說到多年前《日經venture》的採訪，我有幸與尊敬的「東証一部上市公司」邁進股份（ADVANEX INC.）的總裁——加藤雄一先生展開對談，在當時認識了這位讀書會的主辦人。加藤先生也是國際經營者團體的成員，汲取了從國際團體學到的獨創方法，邀請熟識的企業老闆一同參加。受邀參加《日經venture》的訪談前，我先熟讀了加藤先生的著作《Option Management》，現場氣氛熱絡、相談甚歡，他便邀身為年輕晚輩的我一同加入讀書會。

每次讀書會都以當月回顧開頭，請成員把下個月的展望寫在紙上，問題包括「上個月發生的好事、壞事」、「下個月期待的事、擔憂的事」等，從自身回顧開始，一邊回想「工作、家庭、自我」三個重要的生活圈，一邊填寫答案。

積極打拚事業的人，容易在初次填寫時，埋頭書寫「工作」欄位。忙碌的工作常讓他們忽略家人，注意力全放在工作上。

值得注意的是，用來填寫個人休閒喜好的「自己」欄位，可能比「家庭」欄位更容易出現空白。我想，人們剛出社會時，都希望能兼顧工作和興趣、「活出自我」；遺憾的是，擁有家庭、同時努力打拚事業的社會人士，很容易忽略「與自己相處」的重要時光，也沒有餘力鑽研值得向人誇耀的宅興趣。

幸好，我們在持續參加讀書會之後，透過每個月互相檢視彼此的「工作、家庭、自我」平衡，重新調整了「生活態度」。讀書會裡的成員包含上市公司的總裁、國際企業的專門教練、在大學兼課的自營企業老闆，以及兼顧主婦身分與寫作演講的個人事業家，所有人都過著相當忙碌的生活。多虧了讀書會，我們才能漸漸取得「工作、家庭、自我」的平衡。

舉例來說，每週我都會租幾支電影和動畫，和家人一同觀賞。我讓孩子挑他們想看的，自己也在不知不覺間看了新出的動畫。如果沒有孩子告訴我，我恐怕會錯過《夏目友人帳》和《蟲師》這些足以成為人生經典的動畫傑作。同樣地，如果沒有我推薦，孩子們也不會接觸到《怪醫黑傑克》和《小拳王》這些老作品，被故事情節感動。

我厭惡「服務家庭」這個說法，家庭絕對不是誰去服務誰，就算是幼兒，家長也能從孩子身上學到東西。增加時間與孩子接觸，也是做父母的跟著孩子重新學習的大好機會。

我現在是家族企業的名譽社長，平時在自家公司的上方樓層陪伴獨居的母親，我工作的地方，就是母親的茶水間與供奉父親牌位的小佛壇。儘管遲了些，但我竟在不知不覺間開始盡孝道。吃午餐的時候，我會陪母親一起看國民談話性節目《徹子的房間》和綜藝新聞。這些節目既好看，又能從中學到新知。黑柳徹子女士與節目來賓的口才及人生經驗，比許多課程都要管用，綜藝新聞則讓我了解高齡主婦層最關心哪些話題。

一般上班族也可以準備一些親子同樂的節目，趁週末的午餐時間，全家一同觀賞。儘管啃老族與老年照護問題不時出現在社會版面，但不要忘記，一起生活的親子，也是最親近我們的異世代好友。在職場上，我們也很少跟年齡相差三十歲的同事談論工作以外的話題對吧？

掌握工作×家庭×自己的平衡至關重要

回頭檢視過去一個月到下一個月的生活比重

	上個月 → 這個月		這個月 → 下個月	
	○ 好事	× 憾事	○ 期待的事	× 擔憂的事
工作				
家庭				
自己				

每個月的記錄可以成爲回顧自我的良機。
只知道工作的人，家庭和自己的欄位常常出現空白。
多充實家庭與自己的生活，便能催生出工作的活力。
生活不可能天天順遂，只要明白日子有好有壞，
不會一直是相同狀態，就不會過度鑽牛角尖了。

日本已邁入少子高齡化時代，孩子與六十五歲以上的高齡者是重要的消費族群。與年齡差距大的族群對話，能夠擴充人際上的「心房鑰匙」，而認識不同世代最簡單的方式，就是陪伴自己的家人。

此外，與不同世代、不同職種的人士交流，不但能充實自己的「宅興趣」，還能提升商場外的溝通能力。

日本知名綜藝節目《塔摩利俱樂部》每集都有「〇〇御宅族」登場，像是「鐵道宅」或是「地圖宅」等等，可以看見不同年齡職業的人，因為相同的興趣聚在一起，開心地聊著共通話題，彼此露出心有靈犀的笑容。我相信節目錄完之後，這些同好也會繼續在私下交流。

光顧著工作，不但無法達到「心靈平衡」，也不會擴充「心房鑰匙」。請好好珍惜家人、培養自己的興趣，豐富「自己看待世界的方式」，藉此獲得工作狂無法擁有的獨特感性。

六 增加藝文抽屜，當一個「精神貴族」吧

「你一年會去幾次美術館或音樂廳呢？」
「你的iPod裡有哪些類型的音樂？收藏了多少曲子呢？」

近年，全球熱門話題「貧富差距」也燒到了日本，但是說到藝術文化，日本正迎來能用最低的門檻與最便宜的價格欣賞的時代。只要你有心想親近美麗的事物、磨練自身感性，無關身分地位，任何人都能成為一位「精神貴族」。

前往國立、縣立美術館及博物館走走，就能看到許多連過去的達官顯赫都無法一次擁有的名收藏。許多領主和名人在過世之後，會把窮盡一生的財產收

集到的美麗作品捐贈給美術博物館，近年盛行的企劃巡迴展覽更將來自世界各地的知名作品帶到人們面前，一般人不用特別出國，就能欣賞到來自地球另一端的藝術作品。

過去全球只有少數掌權者和成功人士可以享受的美術工藝品，現在一年僅需支付數千日圓的費用加入博物館會員，就能免費參觀每一次的企劃特展。如果是常設展覽，還能透過申請參觀護照一年看到飽，由此可知，參觀美術展覽已經是相當普及的大眾文化。

像我本身住在東京，這裡有一種兩千日圓、兩個月有效的「巡迴護照」票冊，其中涵蓋了東京都內多達七十八間的美術館、博物館免費入場券和折價券，也就是說，一個人只需要使用免費券參觀三間博物館就能回本，想必不少使用者跟我一樣，參觀了十幾二十間。

音樂也是一樣的情形，古時候只有貴族能在沙龍廳享受古典樂，現在任誰都能自由利用。以我自己擔任評議員的墨田區新日本愛樂交響樂團為例，只要購買年間連續票券，參觀一次大約只要一千日圓（使用當地居民、通勤者限定的優惠，還會更便宜喔）。也就是說，人們每月只需花費一千日圓左右，就能在擁有頂級音響設備的音樂廳，享受世界名指揮家與日本頂尖交響樂團表演的音樂盛宴。

不僅如此，過去皇族、大名（註：領主）、華族（註：日本貴族）擁有的私人庭園，許多已開放為公共場地，只要支付便宜的入場費，就能欣賞照料完善的漂亮庭園，大約花個一千日圓，即能在茶室邊喝抹茶邊吃甜品，盡情眺望從前只有家主能眺望的風景。

然而，實際上在「享受這份特權」的人又有多少呢？

就我所知，人們漸漸成為兩種極端，一種是善用資訊，以便宜的價格暢遊古今、享受人生的「精神貴族」；一種則是完全沒善用資源的「精神貧民」。

因此，你何不把投注在咖啡廳、居酒屋、KTV、電動遊樂場、小鋼珠店、時尚精品店和藥妝店的時間和金錢，分一些些給便宜的藝文活動呢？為了打造富有感性、懂得欣賞藝術之美、幸福感洋溢的「未來的自己」，現在撥出一點時間和預算，慢慢地投資自我，相信日後絕對不吃虧。

多接觸藝文活動，不但可以改變自己，認識的族群也會變得不一樣。你再也不用煩惱該用哪把「心房鑰匙」才能開啟一段愉快的對話。無論你本來距離藝術文化有多麼遙遠，只要願意持續擴充自己的藝文抽屜，在三天、三個月，甚至三年之後，人生一定會有所不同。

小時候，我的父母忙於工作，沒時間帶我去逛美術展、聽音樂會。二、三十歲的時候，我因為必須交際應酬，開始強迫自己走進展覽會場，起初覺得很無聊，奇妙的是，當我去了三次以後，竟然開始對內容產生好奇心；連續去了三個月，我開始感受到樂趣；經過了三年以後，這件事已成為我人生中不可或缺的重要習慣。

畫畫需要天賦，加上後天持續不懈的練習，不是人人可以辦到，但是說到欣賞藝術，我相信每個人都有一定程度的天分。反覆品味不同風格的美麗事物，就能培養出美感與品味，任何人隨時開始都不嫌晚。

當然，能夠親眼目睹藝術作品是最好的，但是，現代人也可以輕鬆地待在家，透過書籍、電影和音樂來欣賞作品。走趟圖書館或租借店鋪，便能以便宜的價格體驗藝術；現在還有經典名作電影院和名曲咖啡廳供大眾享受，如果對哪部作品有興趣，還能進一步收藏影片、唱片、ＤＶＤ或ＣＤ等，簡直是美夢成真的時代。請大家多利用銅板價享受這些經典作品，善用智慧型手機聽遍不同領域的經典名曲，增加自己的「心房鑰匙」吧！

七　當一個懂得散步吃喝的達人吧

「你有特別愛吃的料理，和你認為日本第一美味的愛店嗎？」
「你比觀光導覽和旅遊書還會介紹自己喜歡的街區嗎？」

想要測試一個人的「綜合影響力（人間力）」，前往對方居住的區域，請他當嚮導，陪你吃頓午餐、在街頭散散步，就能大致有個底。是的，短短數小時，就能看出一個人的感性、教養、對地區的熱愛程度，以及大致上的人際關係。

味覺可以如實呈現一個人的感性。我曾請教我在經營之路上的老師——暢銷書《社長的筆記：邁向成功的142個關鍵密碼》（台灣東販）作者長谷川和廣先生，關於「孩子的教養方針」的問題。長谷川先生是活躍於國際舞台的經營者，我本來以為會聽到「把孩子送到國外」之類的答案，長谷川先生卻跟我說「我會鍛鍊孩子的味蕾」，令我大感訝異。他表示，實際跟世界上的重要人物打交道後，他發現一流人士最懂得吃。是的，「味覺」正是與國際人士心意相通的「心房鑰匙」！

越要招待一流人士，越是不能隨便找一間名店敷衍過去。「使用高級食材準沒錯」、「名店的招牌菜一定讚」等直覺上的推論都不可靠。說不定，外地人反而會被只有當地人才知道的隱藏小餐館，或是美食部落客沒介紹的巷弄咖啡廳端出的好吃咖哩飯所感動呢。

先別急著翻找別人的食記，用自己的腳步走訪當地吧！不只是當地，你還可以走遍全國各地的街角，一邊磨練味蕾，一邊培養腳踏實地（並且滿懷期待）發掘愛店的樂趣。需要招待朋友時，務必先調查對方喜愛的口味與餐飲風格，視當下的情形體察對方想吃什麼，再來安排適合的店家與菜單。

朋友帶我觀光時，我最喜歡被招待去對方常去的祕藏愛店。從老闆和朋友的互動就能看出交情。客人與老闆（廚師）若是互相敬愛、關心彼此的關係，客人便能感到賓至如歸，東西吃起來也會格外美味。請在平時多多開發屬於自己的口袋名單，才能在重要時刻招待重要的朋友。

街頭散步也反映出一個人的品味與生活風格。試想，好不容易有了地陪，結果卻被帶去「普通的觀光景點」，不是很教人失望嗎？明明是在地人，對於當地卻相當生疏，難免給人一種「不愛護鄉土」的印象。

那麼，如果有人帶你去在地人物才知道的祕密時髦店家，感覺是不是完全不同呢？如果那裡是默默無聞的地方公園或後山，可以欣賞絕美的夕陽和星空，享受一段「特別的時光」，受到招待的人也會留下深刻的印象，對吧？

簡單來說，喜愛吃喝走逛的人懂得過生活，能把日常變美好，這種人往往也是令大人物另眼相看的「地區活字典」。

你總是在通勤時間、移動時間或午餐時間與同事集體行動、去固定幾個地點用餐嗎？這樣未免太可惜了！請多多在日常生活中發現驚喜，培養你的探測雷達，比任何人搶先一步發掘美食和有意思的小店，成為一流人士匯聚的店家常客，找機會帶重要的朋友去走走逛逛，把享受生活當成人生目標。

全國各地都有不少擅長吃喝的散步達人，這些高手各個具有敏銳的味蕾與強烈的好奇心，不論走到哪，都能端出屬於自己的美味名單。

說來可恥，我身為墨田區觀光協會的理事長，還以「自主觀光協會」導遊自居，卻常常請老師們幫我推薦美味名單。

比方說，告訴我兩國（註：墨田區町名）開了米其林星級蕎麥名店「細川（ほそ川）」的人，就是住在世田谷區的武藏大學名譽教授——一樂信雄先生，他比本地人的我與米其林祕密評鑑員都要早一步發現藏身老街巷弄的名店。

還有，告訴我距離久米纖維總公司僅一分鐘路程的神祕招牌「野菊之味（のぎくの味）」是一間小餐館的人，竟是住在橫濱市的東京會議北海道區負責人——板垣欣也先生！聽說該店年近米壽（註：八十八歲）的老闆娘所做的料理相當好吃，深受大企業老闆、藝人、相撲教練等饕客們喜愛，如果不是板垣先生告訴我，我恐怕一輩子都不會走進這家店。

像這樣，達人們在吃喝走逛之間，自然會悄悄打開人脈。久而久之，他們只要看一眼全國地圖，腦中就會浮現各地店家好友的面孔。

八 腦的電波望遠鏡力×心的變焦力＝貴人吸引力

「你所關心的主題（＝電波望遠鏡），一共有多少呢？」

「你的變焦鏡頭（＝能從任何地方凝視喜愛事物的心），倍率夠高嗎？」

若有機會與充滿魅力的人生導師並肩散步一日，我們必定會被映入眼簾的大小事物所感動。從路邊的小花到有趣的看板，那些被人們常態忽略的景物，他們絕不會漏看，彷彿身上不只擁有一雙眼，整個人都像一座全方位的電波望遠鏡！

「國立天文台ALMA望遠鏡電子報」是我最期待收到的電子報。

ＡＬＭＡ望遠鏡是蓋在智利阿塔卡瑪沙漠、合計六十六座電波望遠鏡陣列的總稱。這個天文計畫實現了想觀測宇宙盡頭的天文學家們的「未竟之夢」，成功將無數令人讚嘆的美麗影像，傳送給身在地表上的我們欣賞。

每次看到這片壯闊的電波望遠鏡陣列，以及被電波捕捉的宇宙絕景，我都想成為厲害的ＡＬＭＡ望遠鏡。如果把我感興趣的主題比喻成一座電波望遠鏡，現在我的腦中一共有多少座電波望遠鏡呢？可以的話，我樂意用一輩子的時間來增加望遠鏡的數量，藉此提升「腦的電波望遠鏡力」。

想要增加自己的「電波望遠鏡」，其實並不困難，你只需要：

①找出想鑽研的領域裡的一流人士＝尋找導師；
②模仿導師關注的主題；
③模仿導師的徒弟關注的主題。

模仿導師和其他志同道合者所關注的主題，能增加腦中的電波望遠鏡，慢慢把自己變成厲害的ＡＬＭＡ望遠鏡。在尋找導師和同志的過程裡，也能獲得重要的新名片。拿出共通的電波望遠鏡＝心房鑰匙，就能打破純粹交換名片的疆界，與之建立公私兼顧的情誼，有機會的話，記得趁著一起出遊的機會，好好打磨自己的興趣天線。

我也在學習的過程裡，從導師和同志身上感染了佛像和電線桿等五花八門的小興趣。雖然還沒像ＡＬＭＡ望遠鏡一樣有六十六座，但我樂意花一輩子的時間，創造屬於自己、超越ＡＬＭＡ望遠鏡的電波望遠鏡陣列，盡情欣賞無人見聞的人生美景。

但是，如果只是不停增加腦內的電波望遠鏡，你最多就是成為一個興趣多樣、學而不精的雜學家。雜學家跟專家不同，兩者差在「專不專精」，雜學家只要略知皮毛就很滿足，專家則會做到精益求精，不但對各種事物充滿好奇，還能拿出高倍率的變焦鏡頭「仔細觀察細節」，以優秀的眼力探究事物的本質。

我稱它為「心的變焦力」，換個說法就是「御宅族力」。

不要誤會，這不是什麼特殊能力，而是人類在幼少期都有的本能。我們可能以為「鐵道宅」是特別的族群，事實上，他們只是保有赤子之心，沒有失去人類初次看見火車、搭乘鐵路時的興奮感而已。

不熟悉天文的人，應該也聽過「哈伯太空望遠鏡」吧？這種望遠鏡的特色是漂浮在大氣層外的宇宙空間。為了避免哈伯太空望遠鏡受到地球上的氣候變化影響，它是直接從太氣層外發射到宇宙空間的；同樣地，為了避免「大人的常識」干擾我們，平時不要忘了「回歸赤子之心」。如同哈伯太空望遠鏡，好好發揮心的變焦力吧！

不要擅自決定（認為）自己擅長什麼領域，請一面跟著導師和同志學習，一面增加自己的電波望遠鏡，讓大腦不受各種框架束縛吧！同時，記得重新擦亮蒙上「大人的常識」這層灰塵的鏡頭，好好轉動長年維持固定倍率和焦點的變焦鏡。

如此一來，就能看見未曾見聞的世界，與全新的人事物相遇，一輩子都有貴人運加持，創造過去不敢想像的美好未來。

九　當一個馬上做、做到底、被大家認可的人吧

「你願意比別人快一步嘗試眼前的機會嗎？」

「你願意邊摸索邊嘗試新挑戰，持續三天、三個月、三年，甚至十年嗎？」

「你願意反覆挑戰失敗，直到有一天獲得認可、邁向成功嗎？」

面對上述三個問題都能舉手說「願意！」的人，無論要花多久的時間，當人生來到盡頭時，肯定能以成功者的身分微笑邁向終點。

活用嚴選的兩百張名片，善用社群媒體，拜會人生導師與戰友，就能使貴

人運滾滾而來，察覺未知的機會。但我必須潑個冷水，這些都還只是「成功的必要條件」。

各位若想抓住機會、創造耀眼的人生，還需要「馬上做」、「做到底」、「被大家認可」這三個「成功的充足條件」。

即使眼前有機會從天上掉下來，恐怕也只有一成擁有「馬上做」決心的人，會毫不猶豫地奔向挑戰。一般人光想到未知的挑戰可能帶來的風險，就會缺乏自信，害怕失去現有的事物，導致最終選擇待在熟悉的環境。

請小心，在機會來臨時裹足不前，會令期待看見你大顯身手的導師和同志失望，在內心質疑：「為何不立刻行動？」「那我幹嘛給他機會和建議？」對你的信用大打折扣，因此，「不瞻前顧後地跳下去」是很重要的處事態度。

拿出「馬上做」的魄力，勇於迎接全新的挑戰，便能突破第一道關卡，登上考驗毅力的舞台。走在時代尖端的人，沒有教科書和指南書可以參考，必須在經驗不足的情況下，一步步地摸索前進。這些有毅力、能夠「做到底」的人，大概只占了「馬上做」的人當中的一成左右。

許多導師在守護徒弟時，最關心的不是「能不能快速成功」，而是「有沒有毅力堅持下去」。弟子能否反覆經歷失敗，最終站上成長的舞台？會中途放棄嗎？還是繼續努力呢？願不願意花上十年的工夫，甚至是一輩子來精進自我？這些態度常被導師列為觀察的重點——看你有沒有辦法「堅持到底」。

然而，就算努力成為「做到底的一成人」，也不保證一定會成功。獲得導師的認可並不容易，同樣地，獲得大眾認可也並不簡單，很多時候更需要「貴人運」的幫忙。

- **一成「馬上做的人」**：洞悉眼前的絕佳機會、勇於挑戰。
- **一成「做到底的人」**：持續精益求精，直到挑戰成功。

●一成「被認可的人」：精益求精之後，獲得大眾認同。

我總是這樣告訴自己：就算有相同的好機會擺在眼前，最後也只會有「一成中的一成的一成」——即一千人當中的一人，成為社會上的成功人士，藉此提醒自己：不要畏懼挑戰、不能中途放棄、不要還沒成功就急著抱怨。在我成為「被認可的一成」邁向終點之前，都要持續努力，一次次地跨越失敗。同時，我想起Panasonic的創辦人——故人松下幸之助老先生的教誨：「成功的祕訣在於能不能在成功之前，忍受連續的失敗。」

有效活用「綠蟲藻」（Euglena）開發出健康產品的大學新創企業「Euglena Co.,Ltd.」的出雲充社長曾經分享自己的體驗，同樣強調了「在被認可之前持續努力」的重要。他率先著手研發綠蟲藻的技術＝「馬上做」，跨越了無數難關成功培養出綠蟲藻＝「做到底」……聽說到這裡為止都還算順利，但他後來耗費了許多心力，才找到重要的行銷團隊與客戶。

由此可知，與「馬上做」、「做到底」相比，最後一關的「被認可」是最困難的。對極度害怕風險的大企業來說，要像「Euglena Co.,Ltd.」的事業一樣，熬過漫長、繳不出實績的創業期，是幾乎不可能的。

即使被五百間廠商拒絕，他們仍舊挺了過來，邁向被認可的成功之路。因為他們擁有決心，要「持續努力，做到成功為止」，並且不屈不撓地重複了五百次的業務活動，最終才能開花結果。

跟創業相比，想要在藝術的領域「獲得認可」更是難上加難。

各位知道羅浮宮收藏的美術品裡，有多少藝術家是在生前受到世人認可的嗎？數量少到教人吃驚。

我所敬愛的塞尚和梵谷都是生前不得志的畫家，在世時別說受到世界喜愛，連當地人都將他們視為怪胎。儘管如此，他們依然相信自己，創作不輟直至死亡，這股意念令我相當感動。

我想，對走上「馬上做」→「做到底」這條道路的人而言，比起被社會

馬上做 × 做到底 × 被認可
只有千分之一人能達成條件？

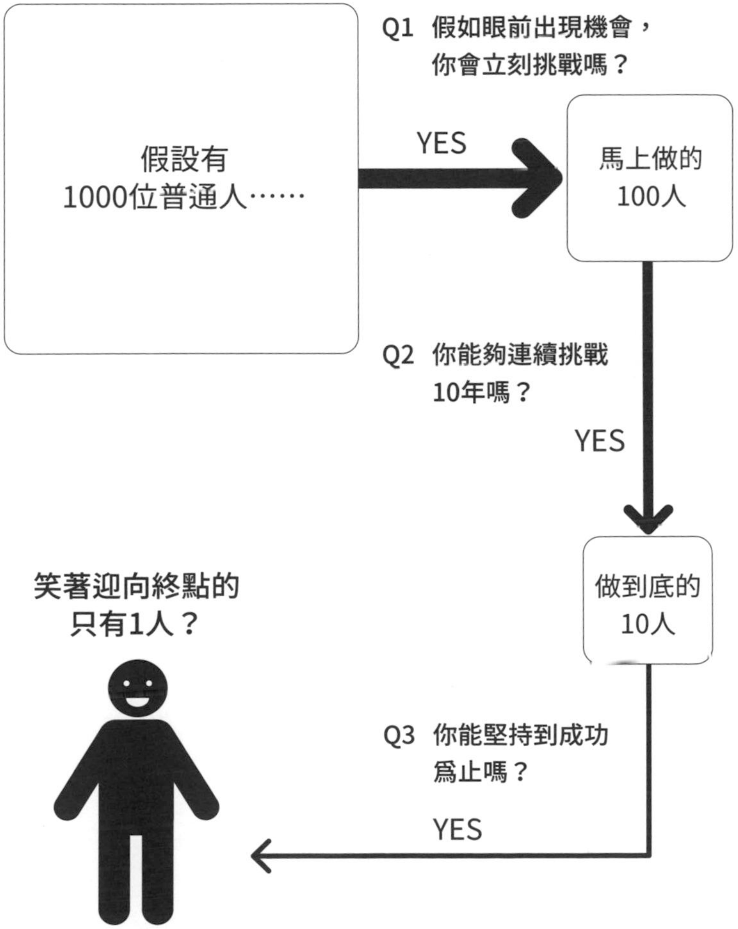
假設有
1000位普通人……
Q1 假如眼前出現機會，
你會立刻挑戰嗎？
YES
馬上做的
100人
Q2 你能夠連續挑戰
10年嗎？
YES
做到底的
10人
Q3 你能堅持到成功
爲止嗎？
YES
笑著迎向終點的
只有1人？

「認同」，他們更重視能不能達成自我期許。

我絕對不會忘記，現在全世界推崇備至的葛飾北齋在臨終前說過：「上天若能再給我五年壽命，我就能把畫畫得更好了。」

結之章

用貴人運開創未來

「新企劃接連浮現，腦中冒出合作夥伴的臉」

「參加任何類型的企劃會議，你都能接二連三地浮現靈感嗎？」
「你能在構思企劃的同時，想到最適合的企業夥伴嗎？」

我自己是在出社會三十年、年紀超過五十歲以後，才來到「這般境地」，對此既感到訝異，同時也心存感激。事實上，我現在無論參加哪一種企劃會議，腦中都能自然冒出點子，收到演講和邀稿也不愁沒有題材可以寫，連我自己都感到相當神奇！

當然，我的記憶力和運動能力已隨年齡增長而衰退，但奇妙的是，現在更常有人稱讚我的企劃力和發想力。我發現，當我來到一定的年紀，能夠發揮潛能和創意的工作機會也隨之增加，這些都豐富了我的人生。

我的企劃力和發想力是如何提升的？我想是因為，我沒有安於同一個組織或熟悉的環境，也沒有滿足於形式上的交際應酬，總是期待著與全新的人事物邂逅的關係吧。

我比年輕的時候更願意跨出去，到外面的世界尋找導師和同志，體驗各式各樣的難關和逆境，一面與各行各業的專家共享喜怒哀樂，一面身體力行＝實際學習，接觸東西方從古至今的藝術文化和美味的食物，磨練自己的感性。

我樂於接受導師建議的所有挑戰，實行整套的「馬上做→做到底→被認可」，體驗一再重來的失敗和最後的勝利，在網路上分享跌跌撞撞的學習歷程，努力創造一個更好的我，並且做好「品牌管理」。

十年、二十年來的挑戰與失敗，不知不覺間改變了我的氣質與體質。企劃的點子、發想的元素，以及跟一流人士學來的成功法則，全都好好地收在記憶的抽屜＝深深寫入大腦的硬碟。我在人生的前半場學到了各式各樣的知識，這些累積決定了大腦的硬碟能夠容納哪些記憶。

在反覆邂逅與挑戰的過程裡，我也許會忘記從前學過的東西。但是，在現場一邊感受喜怒哀樂，一邊用身體記住的智慧不會消失，它們被保管在潛意識裡，成為引導我開創未來的寶貴資訊。

從前，我讀過暢銷作家五木寬之先生寫的散文，深深同感「果真是如此！」。五木先生年輕時便以自傳性質的長篇小說《青春之門》系列一炮而紅，起初他非常不擅長寫散文，然而，聽說當他來到四十歲，甚至五十歲後，漸漸變得能夠隨時隨地有感而發地寫下散文。

我想，這是因為五木先生在二、三十歲的年紀，把無數的「記憶片段」收進了「個人抽屜」（大腦硬碟裡的資料夾），才能在累積了年歲之後，被眼中所見的一景一物撬開記憶的抽屜，靈活自在地取出需要的主題素材，將之編組成豐富的散文。

年紀漸長以後，我更常在會議結束後被問：「您是怎麼想出這個點子的？」、「如何增強企劃力呢？」我被這些問題嚇了一跳。因為，我並沒有特別做什麼，僅是配合會議主題及議題，自然地「拉開抽屜」，下意識地「說了出口」。聽說這叫「天外飛來的靈感」，事實上像我這樣的駑鈍之人，只要多加充實「個人抽屜」，久而久之就能辦到。

「個人抽屜」還有一個教人驚奇的地方：我在構思全新的企劃案時，腦中會浮現教導我相關知識的導師和同志的臉孔。由此可知，「個人抽屜」裡的「過去所學」與「教我的人」，是成套收納在一起的。

如此冒出的「企劃案」具有以下特點：

- 當企劃案被稱讚時，能心懷謙卑地感謝貴人們的幫助。
- 不是從媒體或網路得到的二手情報，而是親身經歷，具有說服力。
- 當新企劃開始起跑時，能提出接下來適合的合作夥伴。

總結來看，我能在年歲漸長時，自由自在地丟出成功的創意，全要歸功於過去諸前輩們的教導。

人生最大的喜悅不是來自個人的企劃和事業受到大眾讚賞，而是被一路上給予幫助的導師和同志們認同，有幸和大家共組新事業。

二 知道把誰介紹給誰，會產生有趣的效果

「與行家初次見面時，會想到要把他介紹給某位敬愛的人士嗎？」
「你曾介紹不同的行家認識彼此，促成意想不到的合作案嗎？」

人無論活到幾歲，與散發獨特氣場的行家初碰面，內心都會為之震盪。明明之前完全不認識彼此，卻彷佛他鄉遇故知，一聊就聊不完，實在太奇妙了。

更加奇妙的是，在開啟話匣子的過程裡，腦中會一一浮現親朋好友的臉，這時我會脫口而出：

「我很尊敬的〇〇先生是一位□□專家，我想你們一定很合得來。」

如果對方也雙眼發亮地說：「請務必介紹我們認識！」一場新的會面便如此敲定。

擅自替不同的人安排見面，可能會被當成「雞婆」之舉，有人甚至會質疑：「你花這麼多時間做這些事，對自己又有什麼好處呢？」

即使如此，我還是想要撮合朋友們見面。因為，我察覺到：「雞婆地安排朋友們見面，是我畢生最大的喜悅，也是我的職責。」

把迄今沒機會合作的行家拉在一起，往往會產生有趣的化學反應，比方說，發現原來彼此有不少共通朋友、興趣雷同之類的，共同點接二連三地冒出來，令人訝異世界之小，彼此是多麼有緣。不僅如此，從認識多年的行家身上，也能聽到不少跟其他行家有關的古老佳話。

充滿能量的一流人士聚在一起暢談夢想，臨場者也能接收到活力。這些人用遠大的目標激勵彼此，也藉著相遇的契機孕育出全新的共同事業。

類似的化學反應特別容易出現在社交媒體上，可以想見，「仲介者的雞婆牽線」，在人際互動裡扮演了重要的角色。曾經享受過「雞婆」帶來的樂趣之後，人會更樂意主動扮演「牽線者」的角色。

實際舉一個因為我的「雞婆」而催生的有趣企劃吧！那就是橫濱中華街的特別活動「日本酒與四川料理的異國婚姻」。

這個有趣的企劃始於二〇一〇年，在橫濱舉辦的APEC 2010中小企業高峰會的交流派對。當時，我以高峰會代表的身分，與橫濱中華街的主委之一——ROSE HOTEL橫濱及重慶飯店的經營者李宏道先生有了交流的機會，得知他們家不僅有美味的麻婆豆腐，還有活用網路積極開發的新菜單，不禁成為李先生的俘虜。

一天，李先生招待我去重慶飯店享用美味的四川料理，我突發奇想，好奇地問：「為何中國菜不是配啤酒就是紹興酒呢？」下一秒，我這個日本酒鬼忍不住提議：「要不要辦辦看能同時享用日本酒和四川料理的活動？」

令人開心的是，李先生馬上答應了！我趕緊用Facebook聯繫了友好的東西酒廠——豐島屋本店的吉村俊之先生、同公司的顧問兼京都老街振興專家——CLIP INC.的島田昭彥先生，並且迅速敲定會面時間，實現了一輩子難以忘懷的「日本酒與四川料理的異國婚姻」饗宴，品嚐到了過去不曾有過、頂級美味的日本酒加麻婆豆腐！

瑞士心理學家卡爾・榮格提出的「synchronicity＝共時性＝有意義的巧合」，對許多廣交益友的專家達人來說，幾乎天天在發生，不是什麼特別的新聞。也可以說，「天時地利人合」的經驗，構成了他們日常生活的一部分。

為了體驗美好的共時性，請大膽地繼續當個「雞婆的牽線者」，把自己欣賞的夥伴湊在一起吧。

就算短期之內看不到成果，也不要輕易放棄。持續鍛鍊「腦的電波望遠鏡力×心的變焦力」，時時充實自己的「重要達人清單」，久了以後，就會更容易引發「配對成功」的化學反應。

如前所述，「雞婆的牽線者」能為我們帶來驚奇的發現與超展開，我想可以稱其為「Serendipity＝偶察力」所帶來的禮物。

「Serendipity」是英國政治家兼小說家霍勒斯・沃波爾（Horace Walpole），從兒時讀過的波斯童話《錫蘭三王子》（*The Three Princes of Serendip*）中自創的詞彙。故事圍繞著三位王子展開的漫長旅途，他們一路上不停遭逢意外，同時也找到意料之外的驚喜。

俗話說「三個臭皮匠，勝過一個諸葛亮」，講的正是互助合作的重要。但是，如果總是跟一樣的夥伴在一起，在同樣的場地，舉行主題淪為制式化的長時間會議，是催生不出新點子的。

三位夥伴必須是各走各路的獨行俠，在偶然的地點巧遇，一同體驗了未經預設的意外事件，才能獲得驚奇的發現。

在這樣的瞬間獲得的靈感與驚喜，是最棒、最獨特的「人生贈禮」。所謂「天上掉下來的禮物」，是用再多的金錢和地位也買不到的。

我會持續努力認識新的優秀夥伴，忍不住「雞婆牽線」，就是因為想要目睹「特別的一刻誕生」。

三 初次見面的行家，已經聽過自己的口碑

「初次見面的行家會跟你說『我常聽〇〇提到您』嗎？」

「交換名片時會聽到對方說『久仰大名，早就想跟您見面了』嗎？」

很幸運地，在我年紀稍長以後，開始陸續有我尊敬的對象聽到我的口碑，又把我介紹出去。每當我在無意間得知有尊敬的老師在悄悄為我牽線，內心都會湧現滿滿的成就感與幸福感。

為了符合眾望，我在感到責任重大的同時，也格外珍惜這些緣分。

因為，有了敬愛的貴人與親朋好友們的信賴加持，我跟這些人也會更容易

心意相通。在見面之前，他們已經先聽過我的口碑，我可以省卻自我介紹，讓對話進行得更順暢無阻，加上見面的前提是為了讓彼此的案子更好，有了共同陣線，也更容易拉近彼此的距離。

年紀越大，我越感覺到緣分的奧妙。我深信只要在人生的前半場把該做的準備做完，在進入人生的後半場、被工作追趕到時間不夠用時，自然會有貴人前來幫忙。此外，我們也應該扛起更多責任去幫助別人，這時候，口碑會為你牽起更多美好的緣分。隨著年齡增長，共時性與偶察力也更常發生。

正因為人生會出現意外，所以才顯得有趣。

另一方面，一個人的名聲傳開後，以「網路炎上」為代表的「負面傳聞」也會隨之發生，有些人可能會為此心煩。請做好心理建設，當一個人的「正面傳聞」越多時，「負面傳聞」也會自然擴散，這是社會的常態，只是，看見時難免感到失落沮喪。

但我認為，「負面傳聞」也好，「正面傳聞」也好，這些都是寶貴的資產，讓你有機會在口耳相傳之間接觸到更多人，也許未來的貴人就藏在裡面。

「正面傳聞」就像「路標」，讓重要的人能走到你身邊；「負面傳聞」則像是「一把尺」，只要你「堅守初衷」，就能看見哪些人不輕易受到傳聞影響，願意相信你並默默守護你。

精通網路的人都知道，無論看見「正面傳聞」還是「負面傳聞」，都要用「二：六：二法則」來應對，也就是說，大約有兩成的人會相信，有兩成的人不相信，有六成的人持保留態度。內行的人都知道，「好評」和「差評」加起來的「評價總數」，才能看出一個人真正的價值。

就像網路商城Amazon業者常說的「留言評分的數量越多，銷量越好，就算都是差評也一樣」，留言總數才是觀察的重點。不要忘記，網路評論良莠不齊，在實際用自己的雙眼確認之前，我們都不該隨便斷定別人的好壞，這也是走在網路時代該有的基本姿態。

想要獲得大量好評沒有捷徑可以走，你只能遵循「傳統路徑」慢慢耕耘：

- 跟著尊敬的老師和專家學習謙卑，被認可後莫忘初心，一輩子珍惜邂逅的良緣。
- 在網路上暢談夢想，把這當成每日的目標，持續對外發送日常活動。
- 連同自己的本業，持續對外發送你對地區及社會做出的貢獻。

只要勤於練習本書傳授的「心、技、體」，成果將隨著耕耘的時間逐年累積，透過導師、專家之口，幫你把「好評」散播出去。「好評」的累積，是用當下的熱情與努力（縱軸），與持續年數（橫軸）相乘決定的，也就是說，「日日的努力×持續年數」的總面積越大，獲得的「好評」總數也會越多。

評論家不該憑著一己之好惡，任意散播別人的「負評」。同時，我們也要成為一個坦率的人，積極替專家老師和同事夥伴寫下「好評」，如此一來，自己的作為也會廣受好評。

包含本書在內，我的每一本書、每一次演講，內容幾乎都是我的導師和專家朋友告訴我的。長年以來，我總是望著導師們的背影向上攀爬，期許自己能登上高峰。但是，我和導師之間的距離非但沒有縮短，感覺一眨眼又拉開了。因此，我得到的結論是：身為弟子，平時應當虛心受教，把學到的知識「不藏私」地對外界分享，同時替導師增加口碑。回過神來，你會發現導師們也在默默替你增加口碑。我也是經過好多年才領悟這個道理，實在很感謝這些生命中的貴人們。

只要繼續登山，漸漸地，望著我的背影攀爬的學生也會變多，我開始能體會想要替這些可愛的年輕人加油的心情。即使「路線」和「速度」不一，但師徒之間都是望著同一個「高度」前進，認同彼此、互助合作，讓口碑自然而然地傳播出去。相信這些「好評」可以吸引更多行家靠近，帶你實現偉大的志業！

四 用喜愛的事物充實每一天

「你有許多『喜愛的事物』嗎？」
「這一個月來，你『喜愛的事物』有增加嗎？」

想要感受到幸福，還有比金錢和地位更重要的事情，那就是日常生活被「喜愛的事物」包圍。「喜愛的事物」俯拾皆是的人，就算面對看慣的風景與平凡的日常，也能找出亮點。

回想起來，小時候的我既偏食又挑食，做任何事都嫌麻煩。托大家之福，現在的我已經長成熱愛吃遍全國的美味食材和料理、喜愛找空檔去街頭散步的大人了。

每當我去全國各地演講，分享ＩＴ應用技術與觀光圈打造等議題時，當地人都會熱情地推薦我挑戰有名的地方食材與料理。每當去到一個陌生的地方上課，都有機會接觸本來排斥的食材，吃著吃著，回過神來，我的「挑食病」就治好了。

任何事都是從一件小事延伸出來的，喜歡拉麵的人可以愛上蕎麥麵，喜歡搖滾的人可以愛上古典樂，喜歡岡本太郎（註：日本前衛藝術家，代表作為「太陽之塔」）的人可以愛上佛像。這些都不是刻意更改喜好的結果，而是大膽跳入新世界所帶來的驚喜。多去認識各行各業的專家，可以打開你的視野，讓世界變得截然不同。在學習的過程裡，「喜愛的事物」會自然增加。

每認識一位新朋友，我們都要對這個人的興趣懷抱好奇，連同興趣一起交流，久而久之，自己也會愛上它。等到腦內捕捉有趣事物的電波望遠鏡增多了，你見到任何事物都會懂得欣賞。

年輕時，一位行家曾告訴我：「多數人會在二十五歲之前決定自己的興趣，之後變得不容易接受新嗜好。」我聽了相當震撼。

幸好，當我活到半百的年紀，依然時常發掘新鮮有趣的事物，我非但不討厭人際關係，每週還很享受認識新朋友，聆聽他們的興趣喜好，從中感受到幸福快樂。

因此，請從現在起打破對於「喜愛事物」的僵化思考，開始充實人生吧！

我相信，若能「多熱愛一些事物」、「多尊敬一些對象」，人生也能活得更加幸福。

每個人都擁有「愛上任何事物」的潛能，只是成年人往往沒有察覺，自己仍保有豐沛的好奇心。年幼時對萬物充滿好奇的人，在出社會後被工作消磨心力，才不得不把天生的好奇心收進心底。

想要喚醒塵封多時的好奇心，準備迎接全新的「喜好」，需要一點挑戰未知事物的精神。此時，不妨從仿效導師和一流人士的生活品味開始做起。

等你發現一、兩個全新的「喜好」，平凡無奇的人生就會產生化學反應。不用擔心，找到新的「寶物」並不意味著舊的「寶物」會消失，相對地，把「新舊寶物」組合在一起，還能獲得更多樂趣。

說來，擁有一技之長的專家，也是透過「喜愛的事物」來「享受人生」。這些人樂於廣結益友，使工作更加充實，人生也加倍豐富。學校和職場總告訴我們「去念書、去工作」，從來沒人說「去發掘喜愛的東西＝多玩一點吧」。

但是，二十一世紀是「把工作當遊戲、把遊戲當工作」引領潮流的時代。就算此刻沒找到熱衷的興趣也不用擔心，因為，當你透過新挑戰和新邂逅與「喜愛的事物」相遇時，將會感受到加倍的快樂，體驗到前所未有的幸福與感激之心。

我自己關於「喜愛事物」的最終目標，是抵達暢銷名著《情報化社會》的作者——以高齡九十五歲去世的林雄二郎先生的境界。生前，他同時在經濟企劃廳、未來工學研究所、TOYOTA財團、東京情報大學、日本財團、日本未來學會及日本博愛協會等機構身兼要職，是日本第一位未來預測家與社會貢獻家。

我在林先生晚年時見過他，當時他已屆九十二歲，人生早已功成名就，我問他：「您接下來還想做什麼呢？」他微微一笑，這樣說道：

「想做的事情還有很多呢，無法一語道盡。」

就是這一句話，讓即將奔向五十大關的我豁然開朗。我在內心立誓，務必保持好奇心直到人生的最後一刻，過一段「有很多事想做」的愉快人生。林先生還向我分享長壽的祕訣——「嗜好」。只要過著被「喜愛的事物」包圍的人生，快樂地栽進去，就能時時對人生充滿期待。

五 無論去到哪，都有心之友歡迎你

「有多少城市，你光聽地名就會想起好友的臉？」
「全國各地有多少你想久居的城市呢？」

我在民宅與小鎮工廠密集分布的東京老街區出生長大，自幼就很嚮往自然環境豐沛的後山與海岸風景，夢想著有朝一日要搬去美麗的鄉下尋找第二故鄉，與自然共生、開創新生活。

因此，打從二十年前有幸前往全國各地演講，我便藉機尋覓理想的「心之故鄉」與「養老處」。

然而，在仔細尋覓的過程裡，我才領悟「第二故鄉」並不好找，因為，有魅力的地方實在太多了！土地的魅力＝人情魅力，隨著走訪各地的次數增加，我的心之友＝導師、行家不斷增加。

八戶、氣仙沼、高畠町、米澤、山元町、三春町、志賀高原、綾瀨、小布施、富山、福井、島根、濱松、神山町、黑潮町、唐津、別府……每當我在電視上看到某個地方，就會想起當地的美景，以及親朋好友們的笑容與無數珍貴回憶。我很高興，藉由親友的笑容串起的「心之故鄉」仍在增加。

現代人可以運用社交媒體與遠方的好友互通資訊，得知你曾造訪的村鎮所發生的大小事情，坐在自己的家裡感受當地的氣息，欣賞四季風光、熱鬧祭典與當令食材的照片，當一個位在他方的鄰人。有時候，比起每天見面的隔壁鄰居，人們與網友的距離會更為靠近。透過網路互相留言、交換生活資訊，就能與位在全國各地的專家朋友加深友誼，期待再次相聚。

今後，我也會繼續旅行，結識不同的夥伴，利用網路保持交流，在全國各地發掘「喜愛的事物」，這是我的人生目標。造訪之處的喜愛事物越多，看起來也會越發閃耀，為我的心帶來震盪，找回青春活力。

在全國各地增加「喜愛的事物」、認識更多朋友，就像把心中的「白色地圖」一一塗上色彩。攤開集滿眾人回憶的「彩色藏寶地圖」，又會令人忍不住想再次去旅行、見見老朋友。

如果只是把客戶姓名和聯絡方式機械式地排在一起，那就只是一份逢年過節禮貌性問候用的名單而已，看著並不會感到心情愉快。

請將全國各地心靈相通的專家名片拿出來，放入「特別名片夾」！若是不擅長整理名片，用網路社群加好友也行。每天秀出全國友人笑容和日常生活態度的社群軟體，就像一個「多采多姿」的世界，那些「無用之用」與肉眼看不見的「交心時刻」，將為你帶來前進的力量。

請在全國各地交到心之友，把特別的回憶風景收進腦海，計畫著下一次再去旅行，這些期待可以成為眼前工作的動力。

不僅如此，用雙眼見證那些在全國各地振興鄉里的朋友，為他們加油打氣，將是人生一大樂事。

獲得貴人運還有一個重要的祕訣，就是積極參加當代一流人士聚集的活動。我在二十年前網路剛興起的時代有幸加入前線，因此獲得許多良緣。十年前NPO剛興起的時代，我加入支援的行列，因此結識了之後大為活躍的超級行家。如今，我在全國各地興建中的觀光街區四處旅遊，親身感受引領時代潮流的人們所散發的活力。

任何形式的觀光區域營造，一定都有跨越職種的明星活躍其中，等著你去認識發掘。分享自己擅長的領域技術，活用本行的成功模式來互助合作吧。或者，你也可以自己創立一個「個人觀光協會」，在網路上幫喜愛的城市街角發揚光大。相信你可以在振興街區的過程裡，找到在本行看不見的全新生活型態，與重要的生涯事業夥伴。

總結來看，我的人生從家鄉墨田區出發，延伸出觀光區域打造與人才培育計畫。今後，我會把畢生所學與擁有的人脈，全數投入其中。

舉例來說，我想把世界矚目的「墨田北齋美術館」借給日本全國各地需要場地拓展優秀事業的人們使用，透過藝術交流，建立人與心的橋樑。我想把實踐本書提倡的「心、技、體」技術的開拓者，與未來有志學習的年輕人，從全國各地叫來，在「墨田北齋美術館」舉辦城市振興教學工作坊。我想分享在墨田區學到的實際成果，讓學生帶回故鄉、發揮一己之力。我深信，這些年輕人返鄉效力的所在，就是我的心之故鄉。

我們能夠跨越地區和產業隔閡，一再地突破創新，全多虧了地方鄉親的努力，與來自全國各地的優秀達人集結而成的巨大力量。很高興看見參加的年輕人重拾眼中的光輝。我相信新的緣分會引發化學反應，創造「獨創與共榮並蓄的資訊網絡」。

實之章

從零人脈到實現夢想的物語

本書終於來到最後了，我想用故事的形式簡單地教導大家，走在當今時代，一位三十歲、缺乏人脈的年輕人，應該按照什麼順序打開人際，進而實現自己的夢想呢？

第一階段 領悟夢想，發掘天命

我今年三十歲，任職於一間中型製造商，學生時期曾短暫留學，畢業後進入這間以製品優秀聞名日本、有意拓展海外業務的製造商，想貢獻一己之力。然而，我先被分派到國內的業務部，接著又被調到總務部，離夢想越來越遠。

某天，我在朋友的邀請下登上東京晴空塔眺望美景，回程時順道去了墨田區的特產品直銷商店，參觀了老街職人和工廠推出的在地製品，在那裡被初次看見的美麗江戶切子水晶玻璃等傳統工藝品迷住。剛好現場正在舉行江戶木筷的職人工作坊，回過神來，我便在那裡聊了一個小時。

我詢問店裡的人：「你們有出口國外或是放在網路上販售嗎？」得到的答案是「還沒開始」。我感到很訝異，這年頭還有手工職人製作如此美麗的工藝品，不讓多一點人知道，實在太可惜了！

此時，我察覺了一件事。

把老街的傳統工藝品發揚到全世界，就是我的夢想與使命。

第二階段 用網路送出訊號，將夢想「可視化」

首先，從我能做的事情開始吧！我買了兼顧日常實用的漂亮切子玻璃杯與木筷，在自家拍照、附上使用心得，放上我的網路社群。也許是職人和我的熱情傳達出去了，這篇po文獲得了比平時還多的「讚」數，許多人親切地上來留言。

我覺得很開心，繼續用買來的器皿擺拍購自全國各地的美酒與料理，反覆在網路上發文。在我慢慢收集新的器皿、在網路上介紹的過程裡，我的好友增加了，留言數也變多了。

此時，我向公司裡負責網路行銷的同期員工尋求建議，並且架設了自己的網站和部落格，開宗明義地在自介欄位寫上：「我的夢想和使命，是將最喜歡的老街傳統工藝品發揚到全世界！」

剛開始用網路發文，花了我很多時間摸索，但持續了三個月之後，就變成輕鬆簡單的日常習慣了。我在文章裡增加了不少愛用品，朋友和讀者持續增加，實際上用網路搜尋「老街＋傳統工藝品」，我的文章會出現在前面幾排。

第三階段 把網路宣傳當作伴手禮，走訪現場增加親切感

我下定決心，要親自拜訪做出這些愛用品的職人及老街工廠。有店面的我便直接打電話過去；沒有的就用Email、寫信等方式取得聯繫，進行電話訪問。許多人聽到我要訪問都很開心。我把聽到的創作理念和現場製作的照片放上網路分享，朋友和讀者不停增加。

我開始受邀參加職人聚集的活動和工廠教學，自己也積極參與。介紹會帶來更多介紹，我因此認識了許多手作達人，和他們成為朋友。每次與他們見面，我都把日用品換成職人的手工藝品，放上網路介紹。

日子久了，我受到許多職人疼愛及關照，自己也想搬到老街住。我和他們

分享搬家的想法，他們開心地為我張羅住處。

回過神來，我已經加入職人生活的社區，和他們成為好鄰居。有些職人也有玩社群軟體，我和他們互加好友，在現實生活與網路上都是感情要好的朋友。

第四階段 邀請師父和夥伴集思廣益，解決自己不會的事

我常跟熟識的職人和經營者暢談夢想：「我想把老街的美好告訴全世界的網友！」許多人都表示共鳴，甚至有幾位職人和經營者來找我商量「如何在網路上發文」、「外語要怎麼寫」等細節。

可是，我的專業知識還不足以應對這些問題。我詢問了公司裡熟悉相關業務的同事，但仍有許多細節搞不清楚。不得已，我只好上圖書館尋找相關書籍、在網路上搜尋經驗分享，終於找到熟悉這一塊的專業老師，去參加了他的讀書會和演講。

在拜師學藝的過程裡，我自己經營的網站和部落格，代替名片發揮了功

用。我的文章內容充實，也有許多讀者追蹤閱讀，這些都成為我的口碑，使我受到專家信賴。同時，他們也認同我「想要發揚日本職人文化的夢想和志業」。

終於，我找到能給予實質建議的導師，也遇到願意以志工身分參與的戰友。他們表示想會一會這些職人，我便試辦了教學工作坊與交流會等活動企劃，職人和導師對此都感到相當高興。拜此所賜，大家的感情變得更好、彼此的連結也更加緊密。

第五階段 加入想作為根據地的地區工商團體或觀光協會

想法變得更加具體後，我發現自己需要構思事業計畫。就算無法立刻創業，我也要一邊上班，一邊摸索事業的可能性。

我決定豁出去，以墨田區當作據點，先後找到工商會議所、觀光協會、信用金庫等服務機構的聯絡窗口，主動向他們諮詢。我給他們看自己的網站，分享與職人交流的過程，以及眾人的期待，並且熱情地分享我想創辦網購、外銷國外的想法。

萬萬想不到，我受到熱情的款待。窗口得知我一邊在企業上班，一邊以志工身分振興當地產業，甚至實際上移居過來，似乎大為欣喜。聽到我跟地方上的名人專家都有交情，更令他們感到訝異。

我上網查看，發現工商會議所和觀光協會的個人會費都很便宜，便跟承辦人員說，自己以後可能會出來創業，想要趁現在優先入會，提出之後，他們更加熱烈地歡迎我。我才知道，現在每個地方都在推動振興，需要招募新血加入，有意創業的年輕人尤其受到喜愛。

他們答應，將為我介紹適合創業青年的免費讀書會和地區活動，會替我引薦「適合協助的在地企業家＝區域重要人物」。

第六階段 參加讀書會、找老師學新知，持續為自己曝光

地區工商會議所、觀光協會、信用金庫舉辦的讀書會不是免費，就是價格非常便宜，具有吸引力，我看到感興趣的主題就會請特休報名參加。

在這些地方學到的東西，跟公司舉辦的進修課程和商業講座相當不同，討論的都是中小、微型企業在人事、會計、業務及ＩＴ活用上直接面臨的問題，有經營者和實業家的經驗作為基礎，進行具體講解，內容比公司推廣的課程更加務實。每次我都不會忘記和講師交換名片、互加社群好友，藉此尋找值得仿效的人生導師。此外，也認識了在需要的時刻能請教的各行各業專家。

每個月我都勤跑讀書會，持續了兩到三年左右，漸漸學會了創業的基礎知識。我發現人只要肯學，任何課題都有務實的解決方案。講師們的正向思考和勇氣也感染了我，我因此獲得自信，知道無論轉職還是創業，「自己都有能力辦到」。

從讀書會和講師的著作裡學到的寶貴知識，我依然持續不懈地分享在自己的網站和部落格。多虧了這個習慣，我才能從「單純追夢的部落客」轉換形象，蛻變成一位「上過經營必修科目的預備創業家」。

第七階段 與核心人物一起當活動志工

想當初，我以一名觀眾的身分參加了職人的工作坊，如今竟以策展的志工身分舉辦活動，替職人們完成製作活動網頁、部落格、社群網路上的活動文宣，以及服務海外顧客等心願。雖然我還只是一名志工，但也藉機累積了將來執行活動的實績表現，獲得未來的夥伴候選人＝在場職人們的信賴。

口碑傳開後，當地的觀光營造活動開始邀請我當主要成員。出任活動委員的大老闆和自治團體幹部等地區的重要人物，紛紛認可我至今的成績，把我介紹給工商會議所和觀光協會的事務局長認識。要兼顧本行和志工活動，讓我的生活相當忙碌，但是能跟之前難以接觸的地方名人一起朝著同一個目標前進，對我來說是迄今未曾有過的刺激體驗。在許多大人物的溫暖守護下，我能夠積極表現，並且不負期待地完成任務、貢獻己力。同時，我也能夠抬頭挺胸地暢談自己的夢想了。

※　※　※

事實上，本故事結合了「複數實際存在的人物」與我自己的經驗所寫成。接下來會有怎樣的展開，聰明的讀者應該不難想像了。

我想透過這個故事告訴大家，在網路上發送資訊、加深人與人之間的情誼，慢慢累積實績與信賴——遠大夢想的準備工作就「完成一半」了。快則三年，慢則五到十年，你一定會得到實現夢想的所有資源＝「人、事、物、種子」。

其中最重要的「人」，你已深耕多年、十拿九穩，不但跟重要的人物見到了面，甚至了解彼此的個性。請持續跟擁有相同理念的親友訴說自己的夢想，某天必定會水到渠成。如果你就是這則故事的主角，相信地方上的重要人士已經看在眼裡。請懷抱堅定的心、去做你該做的事——跟著核心人物一起舉辦各項活動，相信在不久的將來，夢想會主動朝你靠近。

【展望1】一邊上班一邊實現夢想

如今，你已結識許多貴人，只要完成人脈和事業的雛型，就算只利用週末或晚上下班的時間參加，應該也能實現夢想。也就是說，不用特別耗費心力轉職或創業，你也不用煩惱資金和人脈了。你可以選擇繼續擔任志工，或是用兼任等方式，輕鬆無負擔地持續圓夢。

假如你的正職和所追求的夢想可以相輔相成，不用特別轉職或創業也沒關係。如果現在的工作對於夢想具有加分效果，維持這份工作一樣能圓夢。例如，我們公司就有幹部一邊實現販賣T恤的正職夢想，一邊舉辦「墨田日本技藝遇上美酒交流會」、「墨田街頭爵士音樂節」等大型活動並身兼要職。

在公司之外參與重要的地方活動，可以磨練在本行的職場上學不到的新技術，擁有除了本行以外的第二張名片、拓展新的人脈，有一天也會在本行派上用場。同時兼顧本行與NPO活動，人生能享受雙倍的樂趣，如果兩者還能相輔相成，我想世界上沒有比這更幸福的事情了。

【展望2】嘗試轉行來實現夢想

如今，你積極與理想中的區域人士及業界行家交流，贏得聲望與實績，人生有機會展開新的藍圖，相信其中也有大人物直接邀你：「要不要來我們這裡工作？」這些都是很好的機會。

邀請你的可能是你喜愛的中小企業老闆，能夠提供你最嚮往的「手作」及「服務」項目；也可能是地區工商團體、業內團體或觀光協會等中間支援組織。

你可以善用長年「在網路上曝光（可視化）」的專長、擁有具體成果的個人長項，以及現在任職公司的管理經驗，在全新的環境發揮所長。假如新的環境更有機會幫助你實現夢想，薪資、職務條件也符合需求，轉行將是一個不錯的選項。

墨田區裡也有許多從大企業轉行，最後在地方重要企業和公家機關活躍的人士。相信從今以後，你即使需要轉行，也不需仰賴人力仲介網站，能夠以全國各地為範圍，找到彼此情投意合的轉職機會。

【展望3】勇敢創業來實現夢想

如今，你參與的活動已受到認可，想必也會獲得成立專案部門和相關團體的創業機會。你不是從零開始創業，無須承受過多的創業風險，相信地方企業、工商團體、自治體到地區金融機關的長官等區域重要人物，都會在背後推你一把。出資、捐款、下訂、安插人手、提供設施等……以上各種形式的支援都有可能實現。

此外，少子高齡化社會使偏鄉面臨產業危機，以自治體為首的地方機關紛紛鼓勵青年創業。事實上，我自己也在東京工商會議所擔任創業支援委員，知道目前有各式各樣的創業支援辦法，能利用的資源都是前所未有地多。

還有一件事，任何地區的企業，都將面臨後繼無人的嚴峻問題。比起從零開始創業，從穩定的企業延伸出來的創業模式將成潮流。

你喜愛的老公司，可能藉由創辦新事業或新公司來解決後繼無人的問題，慢慢入股對創業家、老員工和客戶來說都是樂見的方案。我們墨田區也相當歡迎從大企業延伸出來的新創企業。

※　※　※

給未來想要實現遠大的夢想、想與導師和同志締結「真感情」、勇於主動開創新事業的讀者——我已經把能傳授的方法都寫進書裡了。

接下來，你只需要實踐而已。

當你離開了所屬組織、離開了本來的產業，那些你最想做的事與最想見的人，也許就在前方等著你呢。反過來說，你也可以透過外界的新鮮視點，重新審視手邊的工作，藉此發掘埋藏在腳邊的夢想。

從今天開始擺脫一成不變的生活吧！

總是抱怨相同的人事物，你難道不累嗎？

你可以丟掉九成的名片，主動打破由刻板印象構成的「狹隘世界」，回歸原始的自我，朝新世界踏出一步。別猶豫了，快去發掘十年後理想的自己，以及你不曾想像的全新自我吧。

後記

本書的誕生，要感謝我遇見的一位重要的人生導師。我在導師的提攜下，實踐了內文當中提倡的生活態度，從此展開新的契機，獲得許多貴人的幫助。

這位導師就是「會社力研究所」的長谷川和廣先生，他是替多達兩千間的赤字公司提供再生計畫的經營學老師。二〇〇五年的初夏，我在東京工商會議所墨田分部舉辦的演講會上，有幸拜聽長谷川先生登台演講，還記得當時我坐在第一排、聽得五體投地，不但率先舉手發問，還在會後和老師交換了名片。接著，我馬上拜讀老師的著作，在自己的電子報上刊登書評感想，寫了一封信表達謝意。

豈料，我收到長谷川先生親自打來電話。幾天後，我被招待到老師當時經營的公司的社長室，不但接受了個人指導，還受邀一起享用午餐。

之後，我便尊稱長谷川先生為師，擅自當起他的弟子。我報名了老師在商學院的課程，還加入了讀書會。

接著，約莫在我認識老師兩、三年左右的時候，老師邀請我一同用餐，同時把vector-network的菊地謙一先生介紹給我認識。菊地先生是一位出版製作人，長谷川先生的暢銷著作《社長的筆記：邁向成功的142個關鍵密碼》就是由他企劃的。當天我們聊完就先行告別，但我心裡也有許多感觸，不禁想著要是有一天能和他合作出書，該有多好。

又過了一陣子，長谷川先生開始定期舉辦讀書會，我也總是第一個報名參加。在會場，我與成員之一的菊地先生再次見面，這次聊到要不要一起做書，於是便有了這本書的誕生。

更令人感激的是，當時會上還有時任「kanki出版」社長的境健一郎先生，本書便決定由他們家出版。

假如十年前，我沒有坐在第一排聆聽長谷川先生演講、沒有發問或是交換名片、沒有拜讀他的書並寫下書評、沒有寫信感謝他的話，這本書就不會誕生。

回想起來，我再次對於結識長谷川先生之後遇到的種種機緣感到驚訝，並時時心存感謝。

期許本書能帶領讀者受到貴人運的眷顧，在五年後、十年後，讓你感受「神奇的體驗＝共時性×偶察力」的力量，你一定會因為人生的超展開而大呼驚奇。

這也是我最大的心願。

祝福各位遇見「人生的良師益友」，受到「貴人運」連連眷顧，掌握愉快的人生！

久米信行

Ideaman 170

超級人脈打造法：
告別無效社交，突破同溫層，在互聯網的世界建立強大的人脈關係

原著書名——すぐやる人の「出会う」技術
原出版社——株式会社かんき出版
作者——久米信行
譯者——韓宛庭
企劃選書——劉枚瑛
責任編輯——劉枚瑛

版權——吳亭儀、江欣瑜
行銷業務——周佑潔、賴玉嵐、林詩富、吳藝佳

總編輯——何宜珍
總經理——彭之琬
事業群總經理——黃淑貞
發行人——何飛鵬
法律顧問——元禾法律事務所 王子文律師
出版——商周出版
115台北市南港區昆陽街16號4樓
電話：（02）2500-7008　傳真：（02）2500-7579
E-mail：bwp.service@cite.com.tw
Blog：http://bwp25007008.pixnet.net./blog
發行——英屬蓋曼群島商家庭傳媒股份有限公司城邦分公司
115台北市南港區昆陽街16號8樓
書虫客服專線：（02）2500-7718、（02）2500-7719
服務時間：週一至週五上午09:30-12:00；下午13:30-17:00
24小時傳真專線：（02）2500-1990、（02）2500-1991
劃撥帳號：19863813　戶名：書虫股份有限公司
讀者服務信箱：service@readingclub.com.tw
城邦讀書花園：www.cite.com.tw
香港發行所——城邦（香港）出版集團有限公司
香港九龍土瓜灣土瓜灣道86號順聯工業大廈6樓A室
電話：（852）2508-6231　傳真：（852）2578-9337
E-mail：hkcite@biznetvigator.com
馬新發行所——城邦（馬新）出版集團【Cité（M）Sdn. Bhd】
41, Jalan Radin Anum, Bandar Baru Sri Petaling,
57000 Kuala Lumpur, Malaysia.
電話：（603）9056-3833　傳真：（603）9057-6622
E-mail：services@cite.my

美術設計——簡至成
印刷——卡樂彩色製版印刷有限公司
經銷商——聯合發行股份有限公司 電話：（02）2917-8022　傳真：（02）2911-0053

■2024年7月4日初版
定價399元　Printed in Taiwan　著作權所有，翻印必究
ISBN 978-626-390-159-9
ISBN 978-626-390-157-5（EPUB）

城邦讀書花園
www.cite.com.tw

線上版讀者回函卡

國家圖書館出版品預行編目（CIP）資料

超級人脈打造法：告別無效社交，突破同溫層，在互聯網的世界建立強大的人脈關係 / 久米信行著；韓宛庭譯. -- 初版.
-- 臺北市：商周出版：英屬蓋曼群島商家庭傳媒股份有限公司城邦分公司發行, 2024.07
240面；14.8×21公分. --（ideaman；170）
譯自：すぐやる人の「出会う」技術
ISBN 978-626-390-159-9(平裝)
1.CST: 職場成功法 2.CST: 生活指導 3.CST: 人際關係
494.35　　113006931

Idea man

Idea man